电工实训指导

主　编　周峥嵘　王　猛
主　审　管琪明

西南交通大学出版社
·成　都·

图书在版编目（CIP）数据

电工实训指导 / 周峥嵘，王猛主编. —成都：西南交通大学出版社，2018.1（2024.12 重印）
ISBN 978-7-5643-5899-0

Ⅰ. ①电… Ⅱ. ①周… ②王… Ⅲ. ①电工技术 – 教学参考资料 Ⅳ. ①TM

中国版本图书馆 CIP 数据核字（2017）第 280273 号

电工实训指导

主编　周峥嵘　王猛

责任编辑	黄淑文
封面设计	何东琳设计工作室
出版发行	西南交通大学出版社 （四川省成都市金牛区二环路北一段 111 号 西南交通大学创新大厦 21 楼）
邮政编码	610031
发行部电话	028-87600564　　028-87600533
官网	http://www.xnjdcbs.com
印刷	四川森林印务有限责任公司
成品尺寸	185 mm×260 mm
印张	11
字数	273 千
版次	2018 年 1 月第 1 版
印次	2024 年 12 月第 4 次
定价	29.80 元
书号	ISBN 978-7-5643-5899-0

课件咨询电话：028-87600533
图书如有印装质量问题　本社负责退换
版权所有　盗版必究　举报电话：028-87600562

前　言

当前，电工、电子技术的发展趋势是有目共睹的，它们已经渗透到各个领域，工业、农业、金融、国防、医疗卫生、教育、家庭等无处不在。

为了适应时代发展对人才知识结构的需要，我们开设了电工实训课程，目的在于为我校学生提供一个参与工程性电工、电子实际训练的条件，并通过实训较深入、全面地介入电工、电子工程的各个实践环节，从而系统地掌握工程实践技能。

电工实训课程是一门以工程操作为主要内容的实践教学课程，以低压配电设备、电器控制装置、常规照明电路和小型电子产品的接线、装配、焊接、调试与检测为媒体，培养学生心理和行为上的适应能力。

为了把实训工作做好，我们根据电工实习的教学大纲和教学计划，并结合学校实际教学情况以及现场工作需要编写了这本实训指导书，以供不同专业的同学在实训中使用。本书包括电工电子基础知识、电工常用工具及安全用具、电气安全基础知识及触电急救、电气安全技术、电气线路的安全运行、照明电路的安装、电气防火防爆与防雷、常用低压电器、异步电动机及其启动控制电路、电气安全管理等内容。本书既讲述了基本理论知识，又介绍了相关的操作技能、实训要求和注意事项，有利于培养学生的实际动手能力和实验分析能力。希望参加实训的同学能以此指导书的内容为参考，以优异的成绩完成电工实训课程。

由于编者水平有限和编写时间仓促，书中不妥和疏漏之处在所难免，敬请读者指正。

作　者

2017 年 8 月

目 录

第1章 概 述 001
  1.1 实验目的与要求 001
  1.2 实验安全 002
  1.3 实习纪律及注意事项 003
  1.4 实验程序 003
  1.5 实训的时间分配 006
  1.6 实训考核方式 007
  1.7 测量误差的分析 007
  1.8 数据的一般处理方法 011

第2章 安全用电常识 013
  2.1 触电与安全用电 013
  2.2 安全用电的措施 015
  2.3 电气事故急救处理 022

第3章 常用电工工具及仪表 024
  3.1 验电器 024
  3.2 尖嘴钳 024
  3.3 断线钳 025
  3.4 剥线钳 026
  3.5 螺丝刀 026
  3.6 万用表 027
  3.7 双踪示波器 028
  3.8 交流数字毫伏表 032
  3.9 函数信号发生器 033
  3.10 电烙铁 035

第4章 电子元器件基础知识 041
  4.1 电阻器 041
  4.2 电容器 045
  4.3 电感器 048
  4.4 变压器 050

  4.5 二极管 050
  4.6 三极管 052
  4.7 集成电路 056

第5章 电工基础实验 058

  实验1 元件伏安特性的测试 058
  实验2 基尔霍夫定律的验证 062
  实验3 叠加原理的验证 066
  实验4 有源二端网络等效参数的测定 069
  实验5 电压源与电流源的等效变换 073
  实验6 一阶电路的响应测试 076
  实验7 二阶动态电路响应的研究 080
  实验8 受控源的特性研究 082
  实验9 无源二端口网络的研究 087
  实验10 电压互感器实验 091
  实验11 R、L、C元件阻抗特性的测定 094
  实验12 R、L、C串联谐振电路的研究 097
  实验13 单相铁芯变压器特性的测试 100
  实验14 单相电度表实验 103

第6章 交流电力拖动电气控制实验 106

  实验1 三相异步电动机点动控制 106
  实验2 三相异步电动机自锁控制 108
  实验3 三相异步电动机点动/自锁切换控制 110
  实验4 三相异步电动机定子串电阻减压启动手动控制 112
  实验5 三相异步电动机定子串电阻减压启动自动控制 114
  实验6 带接触器互锁的三相异步电动机正、反转控制 116
  实验7 按钮联锁的三相异步电动机正、反转控制 119
  实验8 双重联锁的三相异步电动机正、反转控制 121
  实验9 三相异步电动机 Y-Δ 降压启动手动控制 123
  实验10 三相异步电动机 Y-Δ 降压启动自动控制 125
  实验11 三相异步电动机两地启停控制 127
  实验12 三相异步电动机多地启停控制 129
  实验13 三相异步电动机能耗制动控制 130
  实验14 工作台自动往返控制 134
  实验15 三相异步电动机的顺序控制 136

第7章 DJ系列传感器实验 138

  实验1 传感器数据采集系统软件的使用和安装 138

实验 2　激励频率对差动变压器特性的影响测试 ·· 140
   实验 3　铜电阻温度特性测试 ·· 142
   实验 4　噪声检测 ·· 144
   实验 5　光敏二极管特性测试 ·· 145
   实验 6　单臂电桥性能测试 ·· 147

第 8 章　典型电路的安装与调试 ·· 151
   实验 1　日光灯的安装 ·· 151
   实验 2　调频立体声收音机的安装与调试 ··· 153

附录　电工技能操作台简介 ··· 164

第1章 概　述

电工实训是电类相关专业的重要实践性课程，是培养理工科大学生工程意识和实践能力的有效途径，它以培养复合型人才为目标，集实验、实习、技能训练为一体，是培养学生分析问题、解决问题和实践动手能力的实践性教学环节，为学生将来从事实际工作奠定基础，对全面提高大学生的综合素质有着积极的作用。

1.1　实验目的与要求

1.1.1　实验目的

电工实训是培养电子、电气类专业应用型人才的基本内容之一和重要手段。所以，"应用"是它直接的、唯一的目的。学生通过电工实训，应掌握常用电子仪器的基本原理、使用方法及电信号主要参数的测试方法，同时在实验过程中掌握初步的电子工艺知识与制作等有关实验的必备知识与技能，提高实验效果和动手能力。具体地讲，学生在学习了电工技术、电子技术等主要课程的基础上，通过实训，全面掌握电工的基础知识、基本理论、常用工具的使用及基本操作、线路与布线的布局与工艺，常用电气设备的使用、安装、检测与维护，电路故障的分析与处理，接触印刷电路板和常用电子元器件、电子材料的生产实际，了解电子工艺的一般知识，掌握最基本的焊接、组装产品的技能。同时，学生通过本专业的实践知识和基本操作技能训练，重视工艺规程，为生产实习与毕业设计打下良好的基础；还要在实验过程中，培养理论联系实际的学风、严谨求实的科学态度和基本工程素质（其中应特别注重动手能力的培养），以适应实际工作的需要。

另外，学生通过电工实训，还应掌握一般的实验程序、测量误差的概念以及测量数据的一般处理方法。充分的实验准备工作、正确的实验操作方法和撰写合格的实验报告，是工科学生应掌握的一种基本技能。实验数据必然存在误差，应了解产生系统误差、偶然误差（随机误差）和过失误差的主要原因，并掌握尽量减小上述误差的一般方法。实验数据是分析实验结果、反映实验效果的主要依据，应掌握读取、记录和处理实验数据的一般方法。

1.1.2　实验要求

电工实验要求如下：
（1）能读懂基本电子电路图，有分析电路作用或功能的能力。
（2）有设计、组装和调试基本电子电路的能力。

（3）会查阅和利用技术资料，有合理选用元器件（含中规模集成电路 MSI）并构成小系统电路的能力。

（4）有分析和排除基本电子电路一般故障的能力。

（5）掌握常用电子测量仪器的选择、使用方法和各类电路性能（或功能）的基本测试方法。

（6）能够独立拟定基本电路的实验步骤，写出严谨、有理论分析、实事求是、文字通顺且字迹端正的实验报告。

1.2 实验安全

实验安全包括人身安全和设备安全。

1.2.1 人身安全

（1）实验时不得赤脚，实验室的地面应有绝缘良好的地板（或地垫）；各种仪器设备应有良好的地线。

（2）仪器设备、实验装置中通过强电的连接导线应有良好的绝缘外套，芯线不得外露。

（3）实验电路接好且检查无误后方可接入电源。应养成先接实验电路后接通电源、实验完毕先断开电源后拆实验电路的操作习惯。另外，在接通交流 220 V 电源前，应通知实验合作者。

（4）在进行强电实验或具有一定危险性的实验时，应由两个以上人员合作。测量高压时，通常采用单手操作并站在绝缘垫上。

（5）万一发生触电事故应迅速切断电源。如距离电源开关较远，可用绝缘器具将电源线切断，使触电者立即脱离电源并采取必要的急救措施。

1.2.2 仪器安全

（1）使用仪器前，应认真阅读使用说明书，掌握仪器的使用方法和注意事项。

（2）使用仪器，应按要求正确接线。

（3）实验中要有目的地旋动仪器面板上的开关（或旋钮），旋动时切忌用力过猛。

（4）实验过程中，精神必须集中。当嗅到焦臭味、见到冒烟或火花、听到劈啪声、感觉到设备过烫或出现熔断器熔断等异常现象时，应立即切断电源，在故障排除前不准再次开机接通电源。

（5）搬动仪器设备时，必须轻拿轻放。未经允许不准随意调换仪器，更不准擅自拆卸仪器设备。

（6）仪器使用完毕，应将面板上各旋钮、开关置于合适的位置，如电压表量程开关应旋至最高挡位等。

1.3 实习纪律及注意事项

电工实训包括预习、讲解与示范、操作训练、实训总结与考核，为保证电工实训正常进行，每个学生必须准备常用电工工具一套、万用电表一块，并遵守如下规则：

（1）明确实训目的，端正学习态度，认真参加实训，并在指定的岗位上实训，服从实训指导教师的指导。

（2）重视技能训练，认真听取实训指导教师的讲解，仔细观察示范操作，并应理论联系实际。

（3）掌握操作技能，严肃认真、细心操作，并严格按工艺要求完成实训作业与课题。

（4）重视实训总结，及时做好数据及现象记录，仔细分析故障原因，认真撰写实训报告。

（5）注意节约器件与材料，爱护并正确使用与妥善保管设备、工具与仪器仪表。

（6）独立完成电工、电子实训的实训报告。

（7）遵守实训规则和安全操作规程，保持工作岗位的整洁，做到文明生产。

（8）遵守实训期间作息时间（上午 8:30～11:30，下午 2:00～4:30），不得无故迟到、早退。

（9）遵守电工实训车间学生实训守则，请勿穿拖鞋、背心进入实训车间，不得在教室内打闹和大声喧哗、接听电话、吸烟，请勿在教室内吃食物。

（10）注意保持室内整洁，每人负责自己实训工位的卫生工作，每天结束实训时打扫自己实训工位的卫生。

（11）保管好制作用的各种器材，不得丢失，一旦丢失将根据具体情况进行赔偿。

（12）注意人身安全和设备安全，避免人身触电事故，仪器设备用完后要及时关好开关；注意防火，电烙铁不能置于易燃品上，使用过后必须拔去插头，将烙铁置于烙铁架上。

1.4 实验程序

实验一般可分为三个阶段，即实验准备、实验操作和撰写实验报告。

1.4.1 实验准备

实验能否顺利地进行并取得预期的效果，在很大程度上取决于实验前的准备是否充分。

1. 实验准备一

实验前，应按实验任务书的要求写出实验预习报告，具体要求如下：

（1）认真阅读教材中与本实验有关的内容和其他参考资料，独立完成实验预习报告。

（2）根据实验目的与要求，设计或选用实验电路和测试电路。所设计的电路，估算要正确，设计步骤要清楚，画出的电路要规范，电路中图形符号和元器件数值标注要符合现行国家标准。

（3）列出本次实验所需元器件、仪器设备和器材详细清单，在实验前交实验室指导教师。

（4）拟出详细的实验步骤，包括实验电路的调试步骤与测试方法，设计好实验数据记录表格。

2. 实验准备二

在实验前，应主动到开放实验室或相应课程实验室，熟悉测试仪器的使用方法。

3. 实验准备三

实验开始，应认真检查所领到的元器件型号、规格和数量，并进行预测量。检查并校准电子仪器状态，若发现故障应及时报告指导教师。

1.4.2 实验操作

正确的操作方法和操作程序是提高实验效果的可靠保障。因此，要求在每一个操作步骤之前都要做到目的明确。操作时，既要迅速，又要认真。注意事项如下：

（1）应调整好直流电源电压，使其极性和大小满足实验要求；调整好信号源电压，使其大小满足实验要求。

（2）实验中要眼观全局。先看现象（例如，仪表有无超量程和其他不正常现象），然后再读取数据。对于指针式仪表，读数前要认清仪表量程及刻度，读数时，身体姿势要正确——眼、指针和针影应成一线。

（3）利用单元模板插接电路时，要求接插迅速、接触良好和电路布局合理，要为调试操作创造方便条件，避免因接入测量探头而造成短路或其他故障。

（4）在通电的情况下，不得拔、插（或焊接）半导体器件，应在关闭电源后进行。

（5）任何电路均应首先调试静态，然后进行动态测试。测试时，手不得接触测试表笔（或探头）的金属部分，最好用高频同轴电缆（或屏蔽导线）作测试线，地线要接触良好且应尽量短些。

1.4.3 撰写实验报告

1. 写实验报告的目的

按照一定的格式和要求，表达实验过程和结果的文字材料称为实验报告。它是实验工作的全面总结和系统概括。

写实验报告的过程，就是对电路的设计方法和实验方法加以总结，对实验数据加以处理，对所观察的现象加以分析并从中找出客观规律和内在联系的过程。如果做了实验而未写出实验报告，就等于有始无终、半途而废。

对工科学生而言，撰写实验报告也是一种基本技能训练。通过写实验报告，能够深化对技术基础理论的认识，提高技术基础理论的应用能力，掌握电子测量的基本方法和电子仪器的使用方法，提高记录、处理实验数据和分析、判断实验结果的能力，培养严谨的学风和实事求是的科学态度，锻炼科技文章写作能力等。此外，实验报告也是实验成绩考核的重要依据之一。

总之，撰写报告是实验工作不可缺少的一个重要环节，切不可忽视。

2. 实验报告的内容

因实验的性质和内容有别，报告的结构并非千篇一律。就电子技术实验而言，实验报告一般应由以下几部分组成。

1）实验名称

每篇报告均应有其名称，并应列在报告的最前面，使人一看便知该报告的性质和内容。实验名称应写得简练、鲜明、准确。简练，就是字数要尽量少；鲜明，就是令人一目了然；准确，就是能恰当地反映实验的性质和内容。

2）实验目的

实验目的指明为什么要进行本次实验。要求写得简明扼要，常常是列出几条。在一般情况下，要写出三个层次的内容，即通过本次实验要掌握什么、熟悉什么、了解什么。

应当指出，有时为了突出主要目的，次要内容可以不写入报告。

3）实验内容

实验内容应包括实验电路、设计性实验还应按要求明确设计任务与方案，对设计的电路还要有调试方法、步骤和内容。

4）数据记录

实验数据是在实验过程中从仪器、仪表上所读取的数值，可称为原始数据。要根据仪表的量程和精密度等级确定实验数据的有效数字位数。实验数据一般是先记录在准备报告或实验笔记本上，然后加以整理，写入精心设计的表格中。所设计的表格要能反映数据的变化规律及各参量间的相关性。表格的项目栏要注明被测物理量的名称（或文字符号）和量纲，表格说明栏中的数字小数点要上下对齐，给人以清晰的感觉。在整理实验数据时，如发现异常数据，不得随意舍掉，应进行复测加以验证。

5）实验结果

将实验数据代入公式，求出计算结果。有时为了更直观地表达各变量间的相互关系，还可采用作图法反映实验结果。实验数据必然存在误差，因此，应进行误差估算。估算的目的，一是对提出误差要求的实验，要验证实验结果是否超差；二是找出影响实验结果准确性的主要因素，对超差或异常现象做出合理的解释，提出改进措施。

6）讨论

讨论包括回答思考题及对实验方法、实验装置等提出改进建议。

3. 写实验报告应注意的几个问题

（1）要写好实验报告，首先要做好实验。实验做得不成功，在文字上花多大工夫也于事无补。

（2）写实验报告必须有严肃认真、实事求是的科学态度。不经过重复实验不得任意修改数据，更不得伪造数据。分析问题和得出结论既要从实际出发，又要有理论依据，没有理论分析的实验报告算不上好报告，但照抄书本也不可取。

（3）在处理实验数据时，必然遇到实验测量误差和有效数字位数问题，应按照有关要求去做。

（4）图与表是表达实验结果的有效手段，比文字叙述直观、简捷，应充分利用；实验电路的画法应符合规定。

（5）实验报告是一种说明文体，它不要求艺术性和形象性，而要求用简练和确切的文字以及技术术语，恰当地表达实验过程和实验结果。

1.5 实训的时间分配

电工、电子专业（电子、通信、电气、自动化专业）实训时间为一周，具体安排见表1-1；非电专业实训时间为4天，具体安排见表1-2。

表1-1 电类相关专业实训时间安排

序号	实习教学工作内容	时间（天）	教学工作目标、要求
1	低压电工常识与基本操作	0.5	了解安全知识，熟悉安全规程有关条例；了解导线、常用电工工具的使用方法；树立牢固的安全意识；掌握常用电工工具、仪表的使用及剥线、接线、配线、导线选用、导线的检查与保存等基本操作技术
2	照明线路安装	0.5	了解一般照明线路的安装、故障的检查和处理；掌握日光灯工作原理、工作组成元件、电路及安装
3	电工技能实训	0.5	了解一般电机的控制线路，能读懂一般电机的控制线路图，掌握对控制线路的检测和故障处理
4	电子元器件识别与检测	0.5	了解电阻器、电容器、电感、片状元器件等电子元器件的工作原理、技术参数、种类及使用场合；能识别、选用、检测常见电子元器件
5	电子元器件的安装与焊接	1	了解电子元器件的焊接工艺、要领及注意事项；了解焊剂（松香）和焊料（锡铝合金）的正确使用及手工焊接方法；掌握电子元器件的焊接要领、方法、步骤及注意事项
6	电子设备的制作	1	了解FM调频立体声收音机的电路原理及生产制作工艺；掌握原理图和印刷电路板对照读图；掌握FM调频立体声收音机等电子设备的组装、调试
7	DJ系列传感器	1	基本掌握各种常用传感器的结构、性能特点和常用检测系统的组装与调试
	合计	5	

表 1-2 非电专业实训时间安排

序号	实习教学工作内容	时间（天）	教学工作目标、要求
1	低压电工常识与基本操作	1	了解安全知识，熟悉安全规程有关条例；了解导线、常用电工工具的使用方法；树立牢固的安全意识；掌握常用电工工具、仪表的使用及剥线、接线、配线、导线选用、导线的检查与保存等基本操作技术
2	电子元器件识别与检测	0.5	了解电阻器、电容器、电感、片状元器件等电子元器件的工作原理、技术参数、种类及使用场合；能识别、选用、检测常见电子元器件
3	电子元器件的安装与焊接	1	了解电子元器件的焊接工艺、要领及注意事项；了解焊剂（松香）和焊料（锡铝合金）的正确使用及手工焊接方法；掌握电子元器件的焊接要领、方法、步骤及注意事项
4	电子设备的制作	1	了解 FM 调频立体声收音机的电路原理及生产制作工艺；掌握原理图和印刷电路板对照读图；掌握 FM 调频立体声收音机等电子设备的组装、调试
5	照明线路安装	0.5	了解一般照明线路的安装、故障的检查和处理；掌握日光灯工作原理、工作组成元件、电路及安装
	合　　计	4	

1.6 实训考核方式

考核方式：考查

根据学生在实训期间对实训内容和基本技能的掌握程度、各实训内容完成的情况、编写实训报告的质量以及学生的实训态度，具体成绩分布为：

安全纪律	操作能力	产品质量	创新思路	实训报告	提出合理化建议
10	20	30	10	20	10

注：考勤、实训产品、实训报告任中缺一项者成绩评定将为不及格。

总成绩按五级分制评定，即优、良、中、通过、不通过。对应分数成绩为：

优	良	中	通过	不通过
90 以上	89~80	79~70	69~60	59 及以下

1.7 测量误差的分析

被测量有一个真实值，简称为真值，它由理论给定或由计量标准规定。在实际测量时，由于受到测量仪器的精度、测量方法、环境条件和测量者能力等因素的限制，测量值与真值之间不可避免地存在差异，这种差异称为测量误差。

学习有关测量误差知识的目的，就在于在实验中合理地选用测量仪器和测量方法，以便获得符合误差要求的测量结果。

1.7.1 测量误差的分类

根据误差的性质及其产生的原因，测量误差一般分为三类。

1. 系统误差

在规定的测量条件下，对同一量进行多次测量时，如果误差的数值保持恒定或按某种确定的规律变化，则称这种误差为系统误差。例如，电表零点不准，温度、湿度、电源电压等因素变化所造成的误差均属于系统误差。

系统误差有一定的规律性，可以通过试验和分析，找出产生的原因，设法予以削弱或消除。

2. 随机误差

在规定的测量条件下，对同一量进行多次测量时，如果误差的数值发生不规则的变化，则称这种误差为随机误差。例如，热骚动、外界电源干扰和测量人员感觉器官无规律的微小变化等因素所引起的误差，便属于随机误差。

尽管每次测量某量时，其随机误差的变化是不规则的，但是，实践证明，如果测量的次数足够多，则随机误差平均值的极限就会趋于零。所以，多次测量某量的结果，它的算术平均值就接近其真值。

3. 过失误差（又称粗大误差）

过失误差是指在一定的测量条件下，测量值显著地偏离真值时的误差。它的误差值一般都明显地超过在相同测量条件下的系统误差和偶然误差。例如，读错刻度、记错数字、计算错误及测量方法不对等引起的误差。通过反复实验或分析，确认存在过失误差的测量数据，应予以剔除。

1.7.2 误差的表示方法

1. 绝对误差

如果用 x_0 表示被测量的真值，x 表示测量仪器的示值（即标称值），则绝对误差 Δx 为 $\Delta x = x - x_0$。若用高一级标准的测量仪器测得的值作为被测量的真值，则在测量前，测量仪器应由高一级标准的测量仪器进行校正，校正量常用修正值表示，即对于某被测量，用高一级标准的仪器的示值减去测量仪器的示值，所得的差值就是修正值。实际上，修正值就是绝对误差，仅符号相反而已。例如，用某电流表测量电流时，电流表的示值为 10 mA，修正值为 +0.05 mA，则被测电流的真值应为 10.05 mA。

2. 相对误差

为了衡量测量结果的准确度，引入了相对误差（γ）概念。相对误差是绝对误差与被测量真值的比值，常用百分数表示，即 $\gamma = (\Delta x / x_0) \times 100\%$，当 $\Delta x \ll x_0$ 时，$\gamma = (\Delta x / x) \times 100\%$。例如，用频率计测量频率，频率计的示值为 500 MHz，频率计的修正值为-500 Hz，则相对误差为

$$\gamma = (500/500\times10^6) \times 100\% = 0.0001\%$$

又如，用修正值为-0.5 Hz 的频率计，测得频率为 500 Hz，则相对误差为

$$\gamma = (0.5/500) \times 100\% = 0.01\%$$

从上述两个例子可以看到，尽管后者的绝对误差远小于前者，但是后者的相对误差却远大于前者。因此，前者的测量准确度实际上高于后者。

3. 容许误差（又称允许误差、满度相对误差）

测量仪器的准确度通常用容许误差表示。它是根据技术条件的要求，规定某一类仪器的误差不应超过的最大范围。仪器（含量具）技术说明书中所标明的误差，都是指容许误差。

在指针式仪表中，容许误差就是满度相对误差（γm），定义为

$$\gamma_m = (\Delta x / x_m) \times 100\%$$

式中：x_m——表头满刻度读数。

指针式表头的误差，主要取决于它的结构和制造精度，而与被测量的大小无关。因此，用上式表示的满度相对误差，实际上是绝对误差与一个常数的比值。我国电工仪表，按 γm 值分为 0.1、0.2、0.5、1.0、1.5、2.5 和 5 七级。

例如，用一只满度为 150 V、1.5 级的电压表测量电压，其最大绝对误差为 150 V×（±1.5%）=±2.25 V。若表头的示值为 100 V，则被测电压的真值在 100 V ±2.25 V = 97.75 ~ 102.25 V 范围内；若表头的示值为 10 V，则被测电压的真值在 10 V±2.25 V=7.75 ~ 12.25 V 范围内。可见，用大量程的仪表测量小示值时，误差较大。

在无线电测量仪器中，容许误差由基本误差和附加误差组成。所谓基本误差，是指仪器在规定工作条件下，在测量范围内出现的最大误差。规定工作条件又称为定标条件，一般包括环境条件（温度、湿度、大气压力、机械振动及冲击等）、电源条件（电源电压、频率、稳压系数及纹波等）和预热时间、工作位置等。所谓附加误差，是指定标条件的一项或几项发生变化时，仪器附加产生的误差。附加误差又可分为两种：一种是使用条件（如温度、电源电压等）发生变化时仪器产生的误差；另一种是被测对象参数（如频率、负载等）发生变化时仪器产生的误差。例如，DA22 型高频毫伏表，其基本误差为：1 mV 档小于±1%；3 mV 档小于±5%，等等。频率附加误差为：在 5 kHz ~ 500 MHz 内小于±5%；在 500 ~ 1000 MHz 内小于±30%。温度附加误差为：每 10 ℃ 增加±3%（1 mV 档增加±5%）。

1.7.3 削弱或消除系统误差的主要措施

对于随机误差和过失误差的消除方法，前面已作过简要介绍。下面进一步说明产生系统误差的原因，并从中找到削弱或消除它的措施。

1. 仪器误差

仪器误差是指仪器本身电气或机械等性能不完善所造成的误差。例如，仪器校准不佳、定度不准等。消除的方法是在使用前要预先校准或确定出它的修正值。这样，在测量结果中可引入适当的补偿值，即可消除仪器误差。

2. 装置误差

装置误差是指测量仪器和其他设备，由于放置不当、使用方法不正确及因外界环境条件改变所造成的误差。为了消除它，测量仪器的安放必须遵守使用规则。如普通万用表应水平放置，而不能垂直放置使用；电表与电表之间必须有适当距离，不宜重叠或靠得太近；应注意避开过强的外部电磁场的影响等。

3. 人身误差

人身误差是测量者个人的感觉器官和运动器官不完善所引起的误差。例如，有人读指示刻度习惯于超过或欠少，无论怎样调试总是调不到真正的谐振点上等。为了消除这类误差，应提高测量技能、改变不正确的测量习惯、改进测量方法和采用先进的数字化仪器等。

4. 方法误差或理论误差

这是一种由于测量方法所依据的理论不够严格，或采用了不适当的简化和近似公式等所引起的误差。例如，用伏安法测量电阻时，若直接以电压表的示值和电流表的示值之比作为测量结果，而未计及电表本身内阻的影响，所测阻值往往存在不能容许的误差。

5. 削弱或消除系统误差的方法

系统误差按其表现特性还可分为固定误差和变化误差的两类：在一定条件下，多次重复测量所得到的误差值是固定的，称为固定误差；得到的误差值是变化的，则称为变化误差。下面仅介绍消除固定误差的两种方法。

1）替代法

在测量时，先对被测量进行测量，记录测量数据。然后，用一已知标准量代替被测量，通过改变标准量的数值，使测量仪器恢复到原来记取的测量数据上，这时已知标准量的数值就等于被测量的值。这种方法由于测量条件相同，因此可以消除包括测量仪器内部结构、各种外界因素和装置不完善等所引起的系统误差。例如，测量一只电阻器的准确值（除用专用仪器外），可用替代法。

测量步骤如下：先接上被测电阻 R_x，调整电路中电位器 R_p 使指示电流表达到某个确定值（如 0.5 mA）；然后，换接上标准电阻箱，调整电阻箱阻值，使指示电流表仍达到原来的确定值（0.5 mA），则标准电阻箱的示值等于被测电阻 R_x 的准确值。用此法可测直流电流表的内阻，被测量的误差与标准电阻箱的误差相同。

2）正负误差抵消法

利用在相反的两种情况下分别进行测量，使两次测量所产生的误差等值而异号，然后取两次测量的平均值便可消除误差。例如，在有外磁场的场合测量电流值，可把电流表转动180°再测一次，取两次测量数据的平均值，就可抵消由于外磁场影响而引起的误差。

1.7.4　一次测量时的误差估计

在许多工程测量中，通常对被测量只进行一次测量。这时，测量结果中可能出现的最大误差与测量方法有关。测量方法有直接法和间接法两类：直接法是指直接对被测量进行测量并取得数据的方法；间接法是指通过测量与被测量有一定函数关系的其他量，然后换算得到被测量的方法。当采用直读式仪器并用直接法进行测量时，其最大可能的测量误差是仪器的容许误差，例如，前面提到的用满度值为 150 V、1.5 级指针式电压表测量电压时的情况。当采用间接法进行测量时，应先由上述直接法估计出直接测量的各量的最大可能误差，然后再根据函数关系找出被测量的最大可能误差。如函数关系式为 $x=a\pm b$，则 $x+\Delta x=(a+\Delta a)\pm(b+\Delta b)$，所以 $\Delta x=\Delta a\pm\Delta b$。该等式说明：不论 x 等于 a 与 b 的和或差，x 的最大可能绝对误差都等于 a、b 最大可能误差的算术和，故相对误差为 $\gamma_x=\Delta x/x=(\Delta a+\Delta b)/(a\pm b)$。必须指出的是，当 $x=a-b$ 时，如果 a、b 两个量很接近，那么被测量的相对误差可能大到不能允许的程度。所以，在选择测量方法时，应尽量避免用两个量之差来求第三个量。

1.8　数据的一般处理方法

1.8.1　有效数字的处理

1. 有效数字的概念

在记录和计算数据时，必须掌握有效数字的正确取舍。不能认为一个数据中，小数点后面位数越多，这个数据就越准确；也不能认为计算测量结果中，保留的位数越多，准确度就越高。因为测量数据都是近似值，并用有效数字表示。所谓有效数字，即对一个数而言，指从左边第一个非零数字开始至右边最后一个数字为止所包含的数字。例如，测得的频率为 0.0238 MHz，它是由 2、3、8 三个有效数字表示的，其左边的两个零不是有效数字，因为可通过单位变换，将这个数写成 23.8 kHz。其末位数字"8"，通常是在测量中估计出来的，因此称它为欠准确数字，其左边的各个有效数字是准确数字。准确数字和欠准确数字对测量结果都是不可少的，它们都是有效数字。

2. 有效数字的正确表示

（1）在有效数字中，只应保留一个欠准确数字。因此，在记录测量数据时，只有最后一位有效数字是欠准确数字，这样记取的数据表明被测量可能在最后一位数字上变化±1 单位。例如，用一只刻度为 50 分度（量程为 50 V）的电压表，测得的电压为 41.8 V，则该电压是用三位有效数字来表示的，其中 4 和 1 两个数字是准确数字，而 8 则是欠准确数字，因为 8 是根据最最小刻度估计出来的，它可能被估读为 7，也可能估读为 9。所以上述测量结果可以表示（41.8±0.1）V。

（2）欠准确数字中，要特别注意"0"的情况。例如，测量某电阻值为 13.600 kΩ，表明前面 1、3、6、0 是准确数字，最后一位 0 是欠准确数字。如果改写成 13.6 kΩ，则表明 1、3 是准确数字，而 6 是欠准确数字。上述两种写法，尽管表示同一数值，但实际上反映了不同的测量准确度。

如果用 10 的方幂表示一个数据，10 的方幂前面的数字都是有效数字。例如，13.60×10^3 Ω，该数据有 4 位有效数字。

（3）π、$\sqrt{2}$ 等常数具有无限位有效数字，在运算中根据需要取适当的位数。

（4）对于计量测定或通过计算所得数据，在所规定的精度范围以外的那些数字，一般都应按"四舍五入"的规则处理。

如果只取 n 位有效数字，那么第 $n+1$ 位及其以后的各位数字都应该舍去。古典"四舍五入"法则，对于第 $n+1$ 位为 5 则只入不舍，这样会产生较大的累计误差。目前广泛采用的"四舍五入"法则对 5 的处理是：当被舍的数字等于 5，而 5 之后有数字时，则可舍 5 进 1；若 5 之后为 0 时，只有在 5 之前为奇数时，才能舍 5 进 1；若 5 之前为偶数（含零），则舍 5 不进位。

下面是把有效数字保留到小数点后第二位的几个数据（括号外为原始数据，括号内为经处理的数据）：

36.850 4（36.85）、5.226 8（5.23）、118.245（118.24）、71.995（72.00）、5.925 1（5.93）。

3. 有效数字的运算

1）加、减运算

由于加、减运算的数据必为相同单位的同一物理量，所以其精确度最差的就是小数点后面有效数字位数最少的。因此，在进行运算前，应将各数据所保留的小数点后的位数处理成与精度最差的数据相同的位数，然后再进行运算。

2）乘、除法运算

运算前对各数据的处理应以有效数字位数最少的数据为标准。所得的积或商，其有效数字位数应与有效数字位数最少的那个数据相同。

1.8.2 有效数字的图解处理

在许多场合中，如模拟电子技术实验，对最终测量结果的要求并不十分严格。在这种情况下，用图解法处理测量数据比较简单易行。此外，在电子测量中，测量的目的往往不只是单纯地要求某个或几个量的值，而是在于求出某两个量 x 和 y（或更多个量）之间的函数关系，如晶体管特性曲线的测量。对于这种确定函数关系的测量，一般不对测量精度进行估计，适宜采用图解法处理。

第 2 章　安全用电常识

随着科学技术的迅猛发展，现代人类的日常生活和工农业生产中，越来越多地使用着品种繁多地家用电器和电气设备，这些给人们的生活和生产带来了极大的便利。但在使用电能的过程中，仍存在着许许多多不注意安全用电的问题，极易造成人身触电伤亡或电气设备的损坏，甚至影响到电力系统的正常运行，造成大面积停电及电火灾等事故，使人民和国家财产遭受极大的损失。因此，必须十分注意安全用电，以确保人身、设备、电力系统的安全，防止事故发生。

2.1　触电与安全用电

2.1.1　电流对人体的作用

接触了低压带电体或接近、接触了高压带电体称为触电。人体触电时，电流通过人体，就会产生伤害，按伤害程度不同可分为电击和电伤两种。

电击是电流对人体内部组织的伤害，是最危险的一种伤害，绝大多数（大约85%以上）的触电死亡事故都是由电击造成的。

电击的主要特征有：

（1）伤害人体内部。

（2）在人体的外表没有显著的痕迹。

（3）致命电流较小。

电伤是由电流的热效应、化学效应、机械效应等效应对人造成的伤害。如电烧伤、皮肤金属化、电烙印、机械性损伤、电光眼等。

2.1.2　安全电压

人体触电的伤害程度与通过人体的电流大小、频率、时间长短、触电部位以及触电者的生理素质等情况有关。通常低频电流对人体的伤害甚于高频电流，50~100 Hz 的电流对人体危害最为严重；而电流通过心脏和中枢神经系统则最为危险。当通过人体的电流达到 1 mA 时，就会引起人的感觉，称为感知电流；如若到 50 mA 以上，就会有生命危险；而达 100 mA 时只要很短的时间就足以致命。触电时间越长，危害就越大。

安全电流就是人体触电后能摆脱的最大电流，我国规定为 30 mA（50 Hz），但是这是触电时间不超过 1 s 的电流值，因此，安全电流值也称为 30 mA·s。研究表明，30 mA·s 对人体基本无损伤。

人体电阻通常在 1~100 kΩ 之间，在潮湿及出汗的情况下会降至 800 Ω 左右。接触 36 V

以下电压时,通过人体的电流一般不超过 50 mA,故我国规定安全电压的等级为 36 V、24 V、12 V、6 V。通常规定为 36 V 以下;但在潮湿及地面能导电的厂房,安全电压则定为 24 V;在潮湿、多导电尘埃、金属容器内等工作环境时,安全电压取为 6 V;而在环境不十分恶劣的条件下可取 12 V。

2.1.3 常见触电方式

按照人体触及带电体的方式和电流流过人体的途径,电击可分为单相触电、两相触电和跨步电压触电。

1. 单相触电

当人体直接碰触带电设备其中的一相时,电流通过人体流入大地,这种触电现象称为单相触电。对于高压带电体,人体虽未直接接触,但由于超过了安全距离,高电压对人体放电,造成单相接地而引起的触电,也属于单相触电。如图 2-1 和图 2-2 所示。

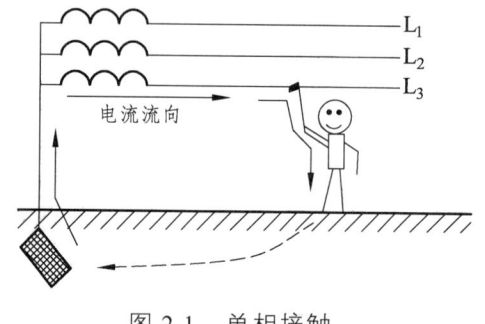

图 2-1 单相接触

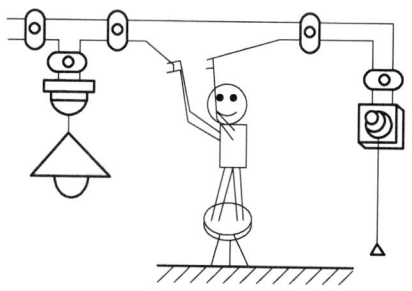

图 2-2 另一形式的单相接触

2. 两相触电

人体同时接触带电设备或线路中的两相导体,或在高压系统中,人体同时接近不同相的两相带电导体,而发生电弧放电,电流从一相导体通过人体流入另一相导体,构成一个闭合回路,这种触电方式称为两相触电。如图 2-3 所示。

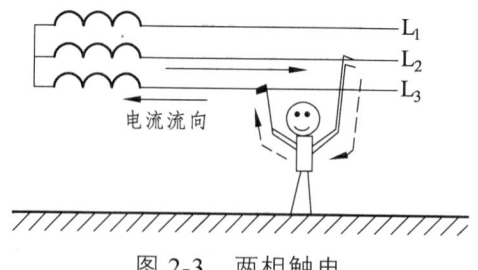

图 2-3 两相触电

发生两相触电时,作用于人体上的电压等于线电压,这种触电是最危险的。

3. 跨步电压触电

当电气设备发生接地故障,接地电流通过接地体向大地流散,在地面上形成电位分布时,若人在接地短路点周围行走(一般高压接地点周围 15~20 m),其两脚之间的电位差,就是跨步电压。由跨步电压引起的人体触电,称为跨步电压触电,如图 2-4 所示。

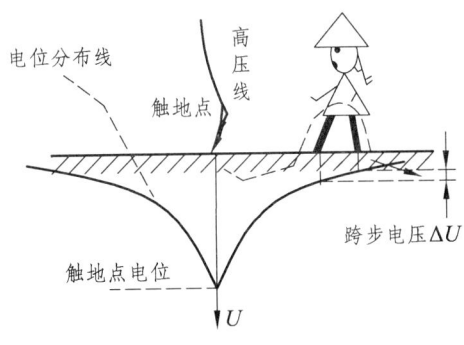

图 2-4 跨步电压触电

下列情况和部位可能发生跨步电压触电:

(1)带电导体特别是高压导体故障接地处,流散电流在地面各点产生的电位差造成跨步电压触电。

(2)接地装置流过故障电流时,流散电流在附近地面各点产生的电位差造成跨步电压触电。

(3)正常时有较大工作电流流过的接地装置附近,流散电流在地面各点产生的电位差造成跨步电压触电。

(4)防雷装置接受雷击时,极大的流散电流在其接地装置附近地面各点产生的电位差造成跨步电压触电。

(5)高大设施或高大树木遭受雷击时,极大的流散电流在附近地面各点产生的电位差造成跨步电压触电。

跨步电压的大小受接地电流大小、鞋和地面特征、两脚之间的跨距、两脚的方位以及离接地点的远近等很多因素的影响。人的跨距一般按 0.8 m 考虑。

2.1.4 常见触电原因

导致触电的原因很多,一般是由于:
(1)违章作业、不遵守有关安全操作规程和电气设备安装及检修规程等规章制度。
(2)误接触裸露的带电导体。
(3)接触到因接地线断路而使金属外壳带电的电气设备。
(4)偶然性事故,如电线断落触及人体。

2.2 安全用电的措施

安全用电的基本方针是"安全第一,预防为主"。为使人身不受伤害、电气设备能正常运行,必须采取必要的各种安全措施,如严格遵守电工基本操作规程、电气设备采用保护接地或保护接零等,以防因电气事故引发的人身伤害事故和火灾。

2.2.1 基本安全措施

(1)合理选用开关、导线和熔丝:各种导线和熔丝的额定电流值可以从电工手则中查得。在选用导线时应使其载流能力大于实际输电电流。开关和熔丝额定电流应与最大实际输电电流相符,熔丝切不可用导线或铜丝代替,并按表2-1规定依电路选择导线的颜色。

表2-1 特定导线的标记及规定

电路及导线名称		标记		颜色
		电源导线	电器端子	
交流三相电路	1相	L1	U	黄色
	2相	L2	V	绿色
	3相	L3	W	红色
零线或中性线		N		淡蓝色
直流电路	正极	L+		棕色
	负极	L-		蓝色
	接地中间线	M		淡蓝色
接地线		E		
保护接地线		PE		黄和绿双色
保护接地线和中性线共用一线		PEN		
整个装置及设备的内部线一般推荐				黑色

(2)正确安装和使用电气设备:认真阅读使用说明书,按规程使用安装电气设备。如严禁带电部分外露、注意保护绝缘层、防止绝缘电阻降低而产生漏电,按规定进行接地保护等。

(3)开关必须接相线:单相电器的开关应接在相线(俗称火线)上,切不可接在零线上。以便在开关断开状态下维修及更换电器,从而减少触电的可能。

(4)合理选择电器电压:在不同的电路环境下按规定选用相应的电器电压,如380 V、220 V以及机床照明灯具电压为36 V,移动灯具等电源电压为24 V,特殊环境下照明灯电压为12 V或6 V。

(5)防止跨步电压触电:应远离断落地面的高压线8~10 m,不得随意触摸高压电气设备。

2.2.2 电工安全操作规程

(1)电气操作人员应思想集中,电器线路在未经测电笔确定无电前,应一律视为"有电",不可用手触摸,不可绝对相信绝缘体,应认为有电操作。

(2)工作前应仔细检查自己所用工具是否安全可靠,穿戴好必需的防护用品,以防工作时发生意外。

(3)维修线路要采取必要的措施,在开关手把上或线路上悬挂"有人工作、禁止合闸"的警告牌,防止他人中途送电。

(4)使用测电笔时要注意测试电压范围,禁止超出范围使用。电工人员一般使用的电笔,只许在500 V以下电压使用。

（5）工作中所有拆除的电线要处理好，带电线头包好，以防发生触电。

（6）所用导线及保险丝，其容量大小必须合乎规定标准，选择开关时其容量必须大于所控制设备的总容量。

（7）工作完毕，必须拆除临时地线，并检查是否有工具等物遗忘在电气设备上。

（8）检查完工后，送电前必须认真检查，看是否合乎要求并和有关人员联系好，方能送电。

（9）发生火警时，应立即切断电源，用四氯化碳粉质灭火器或黄沙扑救，严禁用水扑救。

（10）工作结束后，全部工作人员必须撤离工作地段，拆除警告牌，所有材料、工具、仪表等随之撤离，原有防护装置随时安装好。

（11）操作地段清理后，操作人员要亲自检查，如要送电试验，一定要和有关人员联系好，以免发生意外。

2.2.3 接地与接零

为了保证人身和设备安全，电力设备宜采用保护接地或保护接零措施。

1. 保护接地

为了防止因绝缘破坏而发生触电危险，将与电气设备带电部分相绝缘的金属外壳或架构同接地体之间做良好的连接，称为保护接地，如图 2-5 所示。这种接地一般在 1000 V 以下中性点不接地系统与 1000 V 以上的电网中采用。

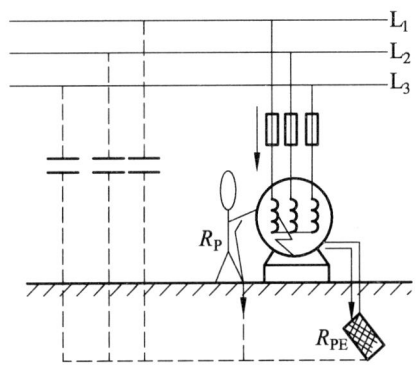

图 2-5　保护接地原理

保护接地的作用：若设有保护接地装置，当电气设备绝缘层破坏而使外壳带电时，接地短路电流将同时沿着接地装置和人体两条通路流过。流过每条通路的电流值与电阻的大小成反比，通常人体的电阻比接地电阻大几百倍（一般在 1000 Ω 以上），所以当接地电阻很小时，流经人体的电流几乎等于零，因而可以避免人体发生触电的危险。

2. 接零

将与带电部分相绝缘的电气设备的金属外壳或构架，与中性点直接接地系统相连接，称为接零，如图 2-6 所示。

接零的作用：当电气设备发生碰壳短路时，即形成单相短路，使保护设备能迅速动作断开故障设备,避免人体触电危险。因此,在中性点直接接地的 1 kV 以下的系统中必须采取接零保护。

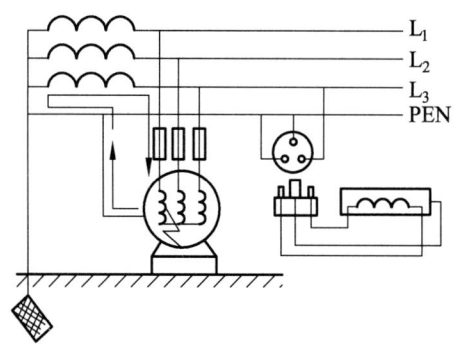

图 2-6　保护接零原理

实施保护接零应注意以下几点:

(1)中性点未接地的供电系统,决不允许采用接零保护。因为此时接零不但不起任何保护作用,在电器发生漏电时,反而会使所有接在零线上的电气设备的金属外壳带电,从而导致触电。

(2)单相电器的接零线不允许加接开关及熔断器等。否则,万一零线断开或熔断器的熔丝熔断,其外壳也将存在相电压,造成触电危险。确需在零线上装设熔断器或开关的,只可用作工作零线,决不允许再用于保护接零,保护零线必须在电网的零干线上直接引向电器的接零端。

(3)在同一供电系统中,不允许设备接地和接零并存。因为若接地设备产生漏电,而漏电电流又不足以使保护装置动作而切断电源,就会使电网中性线的电位升高,而接零电器的外壳与零线等电位,所以人如果触及接零电气设备的外壳,就会触电。

3. 接地的种类

接地形式的种类如图 2-7 所示。

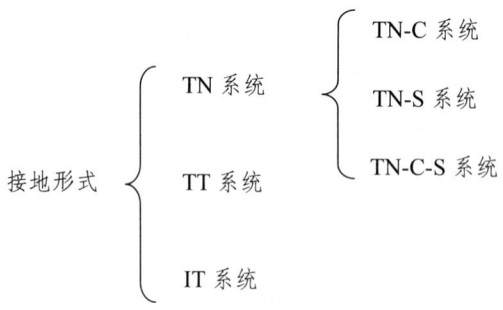

图 2-7　接地形式

系统符号及含义介绍如下。

第一个字母表示低压电源系统可接地点(三相供电系统通常是发电机或变压器的中性点)对地的关系。T 表示直接接地;I 表示不接地(所有带电部分与大地绝缘)或经人工中性点接地。

第二个字母表示电气设备的外露可导电部分对地的关系。T 表示直接接地，与低压供电系统的接地点无关；N 表示与低压供电系统的接地点进行连接。

后面的字母表示中性线与保护线的组合情况，S 表示分开的；C 表示公用的；C-S 表示部分是公用的。

1）TN 系统

中点接地的三相四线制低压配电系统中，与中性点连接的导线即接地中性线常称为零线。用电设备的外露导电部分，如电机的机座和仪表的金属外壳，在出现故障时有可能与带电部件相接触而带电。为防止事故，应将外露导电部分经中性线接地（接零）。这时，正常带电部件同外露导电部分接触时将形成相线同零线的直接短路，从而出现很大电流。这个电流足以使熔断器和其他过流保护装置动作，立即切断电源，从而保障安全。这种接地形式称为 TN 系统，如图 2-8 所示。

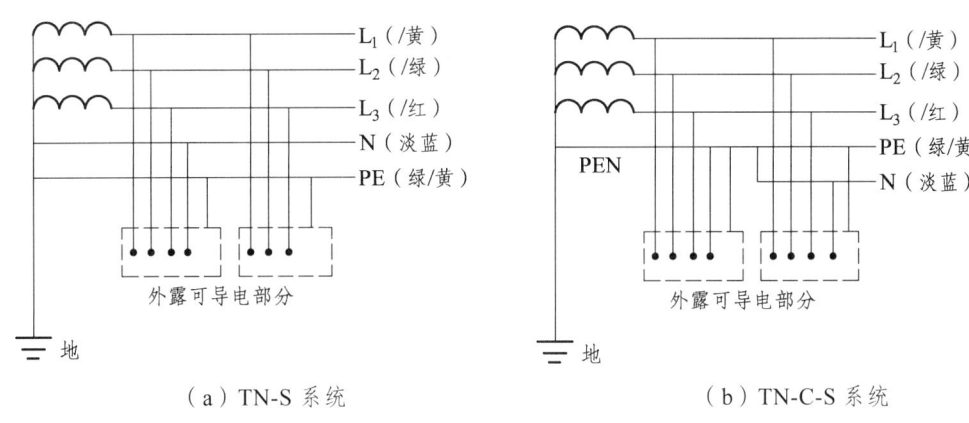

（a）TN-S 系统　　　　　　　　　　（b）TN-C-S 系统

图 2-8　低压电网 TN 系统接线方式

工程实际中，按照中线与保护接地线的组合情况，TN 系统又可分为三类。

（1）TN-C 系统　整个系统的中线 N 与保护接地线 PE 合一，称为 PEN 线。显然，这就是接零保护的形式。TN-C 系统线路简单经济，对接地故障的灵敏度高，因而得到广泛应用。但是，如果系统中单相负载所占的比重很大，难以实现平衡，中线上将有不平衡电流出现。另外，由荧光灯、开关电源以及其他电力电子设备引起的高次谐波电流，在非故障情况下也会在中线上叠加起来。这样形成的中线电流，数值时大时小极不稳定，甚至含有高频分量。于是中线在用户端的电位随之漂移，可能使与其相连的设备的外露导电部分处于带电状态，成为潜在的不安全因素，或者引起电子电路的工作不正常。

（2）TN-S 系统　在零线 N 之外另设保护接地线，两者只在中点处共同接地，此后不再有任何的电气连接。在 TN-S 系统中，尽管 N 线由于前述原因仍可能带电，但保护接地线 PE 中不会有电流出现，因而也不会带电。这对防止人身电击和电气火灾等极为有利，并且 PE 线同时可用作电子系统的电位基准点。当然，多设一条 PE 线，系统的造价会有所提高。上述 TN-C 系统和 TN-S 系统各有优缺点，两者是相互补充的。

（3）TN-C-S 系统　这是一种介于 TN-C 和 TN-S 之间的系统。在靠近电源的区域内属于 TN-C 形式，零线与保护线是合一的；从靠近用电设备的某点开始，零线 N 与保护线 PE 分为两条,并且此后不再有任何电气连接。用电量较小因而不设专用变压器的用户,常采用这种系统,以省去从用户到变压器之间的保护线。一般居民住宅以及工业企业中的办公楼和实验室等都属于这种情况。在工程实际中,还常常在 N 线和保护接地线 PE 分开处作重复接地,以提高 PE 线的电位稳定性。

2) TT 系统

TT 系统的基本特点是零线 N 与保护线 PE 分别接地,两者完全没有直接的电气连接,如图 2-9 所示。TT 系统的应用场合与 TN-C-S 系统相似。对于公用供电的低压网,为避免各用户之间发生中线电位的窜扰,可以采用各自接地的 TT 系统,也可以采用在进入用户处将中线重复接地的 TN-C-S 系统。与 TN-C-S 系统相比,TT 系统的最大优点是正常运行时 PE 线的电位高度稳定,不会有任何的干扰电流侵入;缺点是接地故障灵敏度不高,当设备外壳与相线相碰时,如果 PE 线的接地电阻比较大,形成的接地电流较小,就不能及时切断电源,从而会造成外壳带电危险。

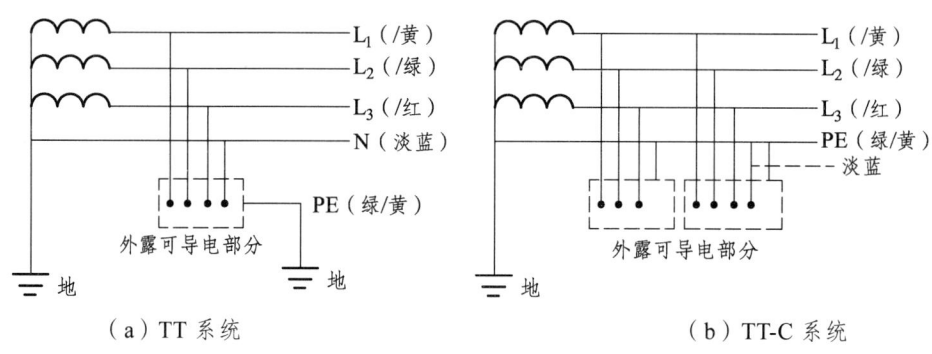

图 2-9 低压电网 TT 系统接线方式

3) IT 系统

IT 系统中,供电系统与大地间无直接连接(或仅在中点经足够大的阻抗接地),而用电设备的外壳导电部分通过保护接地线接地(自行接地),如图 2-10 所示。

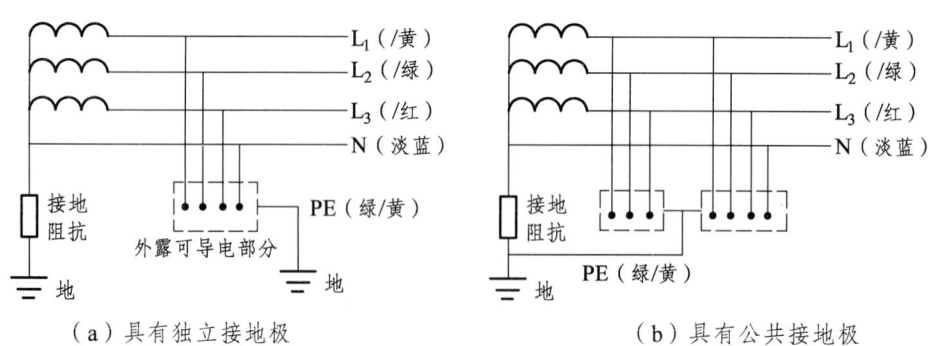

图 2-10 低压电网 IT 系统接线方式

IT 系统一般不引出中线,成为三相三线制供电。这时它只能接三相负载,对 220 V 的单相负载需另加专用变压器。IT 系统的优点是出现一相故障时,接地电流很小,不会发生火花或电弧,避免引起燃烧或爆炸,适合于煤矿井下和棉纺厂等易燃易爆场所,即使发生接地故障也不会造成供电中断；缺点是不能限制低压电网中由于变压器绝缘击穿等原因引起的对地高电压，且当低压线路导线绝缘电阻降到某一数值时，就会失去中性点与大地绝缘等优点。

2.2.4 漏电保护器

漏电是指线路或电气设备对地的漏电，而漏电保护电器的主要功能是防止有致命危险的人身触电以及因漏电引起的火灾。这种保护电器在漏电电流达到或超过预定值时能自动断开电路。

漏电保护按照动作原理分为电压型、电流型和脉冲型。电压型和电流型均不能区别是触电还是设备自身的漏电，而脉冲型可以把触电引起的对地电流突变与缓慢变化的自身漏电区分开来。

下面以图 2-11 所示的常见单相电流型漏电保护断路器为例进行介绍。两条供电线一起穿过电流互感器 T 的铁芯。正常情况下，两条供电线中的电流都等于负载电流 i_L，因而互感器铁芯中没有磁通，它的副边也不产生信号，断路器 QS 由机械锁扣保持闭合状态。发生漏电和触电时，相当于在相线 L 与地间接入一个电阻 R_E。因中线已在电源侧接地，若其接地电阻与 R_E 相比可忽略不计，则电源电压直接施加于 R_E，形成对地点电流 $\dot{i}_E = \dot{U}/R_E$。这时，相线中的电流为 $\dot{i}_{L1} = \dot{i}_L + \dot{i}_E$，而中线电流为 $\dot{i}_{N1} = \dot{i}_L$，两者不再相等。于是互感器铁芯内出现交变磁通，并在副边线圈中产生感应电动势。当对地电流 $\dot{i}_E$ 达到预定值时，这个感应电动势将引起脱扣机构动作，断路器 QS 将自动断开，起到保护作用。图中的按钮 SB 和电阻 R_T 用于测试断路器能否在预定电流下正常工作。

常设置漏电电流动作保护的用电设备及对应的动作电流预定值为：对手握式及移动式用电设备为 15 mA；对环境特别恶劣或潮湿场所的用电设备为 6~10 mA；对接触人体的医疗设备（不含急救和手术用）为 6 mA，对家庭电气回路为 30 mA。

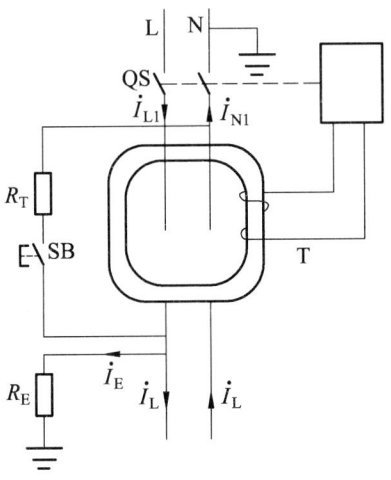

图 2-11 单相电流型漏电保护器

应该指出，额定漏电动作电流小于 30 mA 的快速型漏电保护器，可用作直接触电的附加保护，但不能作为直接触电的唯一保护。

2.3 电气事故急救处理

2.3.1 触电急救

发生触电事故时，现场人员应当机立断以最快的速度采用安全、正确的方法使触电者脱离电源，因为电流通过人体的时间越长，伤害就越重。但切不可用手直接去拉触电者，以防再触电。然后视临床表现对触电者进行现场急救。

（1）脱离电源有以下几种方法，可据具体情况选择：

① 拉断电源开关或刀闸开关。

② 拔去电源插头或熔断器的插芯。

③ 用电工钳或有干燥木柄的斧子、铁锹等切断电源线。

④ 用干燥的木棒、竹竿、塑料杆、皮带等不导电的物品拉或挑开导线。

⑤ 救护者可戴绝缘手套或站在绝缘物上用手拉触电者脱离电源。

以上通常适用于脱离额定电压 500 V 以下的低压电源。若发生高压触电，应立即告知有关部门停电。紧急时可抛掷裸金属软导线，造成线路短路，迫使保护装置动作以切断电源。

（2）触电者脱离电源后，应立即进行现场紧急救护，触电者受伤不太严重时，应保持空气畅通，解开衣服以利呼吸，静卧休息，勿走动，同时请医生或送医院诊治。触电者失去知觉，呼吸和心跳不正常，甚至出现无呼吸、心脏停搏的假死现象时，应立即进行人工呼吸和胸外心脏按压。此工作应做到医生来前不等待，送医院途中不中断，否则伤者可能会很快死亡。具体方法如下。

① 口对口人工呼吸法（适于无呼吸但有心跳的触电者），病人仰卧平地上，鼻孔朝天头后仰。首先清理口鼻腔，然后松扣解衣裳。捏鼻吹气要适量，排气应让口鼻畅。吹 2 s 停 3 s，5 s 一次最恰当。

② 胸外挤压法（适于有呼吸但无心跳的触电者），病人仰卧硬地上，松开领扣解衣裳。当胸放掌不鲁莽，中指应该对凹膛。掌根用力向下按，压下一寸至半寸。压力轻重要适当，过分用力会压伤。慢慢压下突然放，1 s 一次最恰当。

③ 对既无呼吸又无心跳的触电者应人工呼吸、胸外挤压并用。先吹气 2 次（约 5 s 内完成），再做胸外挤压 15 次（约 10 s 内完成），以后交替进行。

2.3.2 电火警紧急处理

电气设备的绝缘老化、接头松动以及过载或短路原因致使导线发热，会引燃周围的可燃物而造成电火灾，尤其是易燃易爆场所造成的危害更大。为防止电气火灾事故的发生，必须采取必要的防火措施。如经常检查电气设备的运行情况；看接头是否松动、有无电火花发生、过载和短路保护装置是否可靠、设备绝缘是否良好、接地是否可靠等；对易燃易爆场所，应按规定等级选用防爆电气设备；保持良好通风以降低爆炸性混合物浓度；在能产生电火花和危险高温设备周围不应堆放易燃易爆物品。

一旦发生电火警，必须按以下电气设备的灭火规则进行处理：

（1）立即切断电源。电气设备发生火灾时，着火的电器、线路可能带电，必须防止火情蔓延和灭火时发生触电事故。

（2）切断电源后可用水或普通灭火器（泡沫灭火器）等灭火。

（3）若必须带电灭火，救火人员必须穿绝缘鞋、戴绝缘手套并选用不导电的灭火剂（如二氧化碳、二氟二溴甲烷灭火器）或黄沙进行灭火，并且要注意保持与带电体之间的距离。

第3章　常用电工工具及仪表

3.1　验电器

验电器分高压和低压两类，低压验电器又称验电笔，有钢笔式和螺钉旋具两种，是检验导线、电器和电气设备是否带电的一种常用工具，检验范围为 60～500 V，它由氖管、高电阻、弹簧和笔身等组成，如图 3-1 所示。验电笔中电阻的作用是用来限制流过人体的电流，以免发生危险。

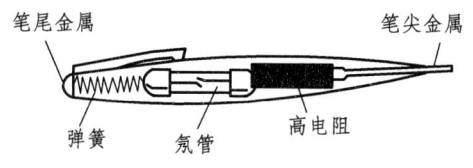

图 3-1　验电笔结构

低压验电器的使用方法和注意事项如下：

（1）使用验电笔时，必须以手指触及笔尾的金属体。用前，先要在有电的电源上检查电笔能否正常发光。

（2）在明亮的光线下测试时，往往不容易看清氖泡的辉光，所以应当避光检测。

（3）电笔的金属探头多制成旋具形状，它只可以承受很小的扭矩，所以使用时应注意，以防损坏。

（4）低压验电器可以用来区分相线和零线，氖泡发亮时测的是相线，不亮的是零线。

（5）低压验电器可以用来区分交流电和直流电，交流电通过氖泡时，两极附近都发亮；而直流电通过时，仅一个电极附近发亮。

（6）低压验电器可以用来判断电压的高低。若氖泡发暗红，轻微亮，则电压低；若氖泡发黄红色，很亮，则电压高。

（7）低压验电器可用来识别相线接地故障。在三相四线制电路中，发生单相接地后，用电笔测试中性线，氖泡会发亮。在三相三线制星形联结的线路中，用电笔测试三根相线，如果两相很亮，另一相不亮，则不亮的这相可能有接地故障。

3.2　尖嘴钳

尖嘴钳头部尖细，适用于在狭小的工作空间操作。尖嘴钳也有铁柄和绝缘柄两种，绝缘柄尖嘴钳可用于带电作业，其耐压为 500 V。尖嘴钳外形如图 3-2 所示。

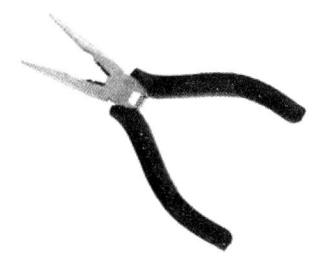

图 3-2　尖嘴钳

尖嘴钳的用途如下：
(1) 带有刀口的尖嘴钳能剪断细小的金属丝。
(2) 尖嘴钳可用来夹持较小的螺钉、垫圈、导线等元件。
(3) 在装接控制线路板时，尖嘴钳能将细导线弯成一定圆弧的接线鼻子。

3.3　断线钳

断线钳又称斜口钳，其钳柄有铁柄、管柄和绝缘柄三种，其中电工用的绝缘柄断线钳的耐压为 1000 V。断线钳用于剪断较粗的金属丝线材及电线电缆等，钳子的齿口也可用来紧固或拧松螺母。斜口钳的外形如图 3-3 所示。

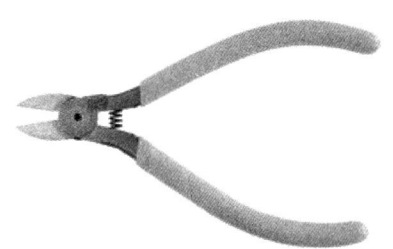

图 3-3　斜口钳

斜嘴钳的尺寸一般分为 4″、5″、6″、7″、8″。大于 8″的比较少见；比 4″更小的，一般市场称为迷你斜口钳，约为 125 mm。尺寸选择建议：斜口钳功能以切断导线为主，2.5 mm 以上的单股铜线，剪切起来已经很费力，而且容易导致钳子损坏，所以建议斜口钳不宜剪切 2.5 mm 以上的单股铜线和铁丝。在尺寸选择上以 5″、6″、7″为主，普通电工布线时选择 6″、7″切断能力比较强，剪切不费力。线路板安装维修以 5″、6″为主，使用起来方便灵活，长时间使用不易疲劳。4″的属于迷你的钳子，只适合做一些小的工作。

使用断线钳工具的人员，必须熟知工具的性能、特点、使用、保管和维修及保养方法。使用钳子时用右手操作。将钳口朝内侧，便于控制钳切部位，用小指伸在两钳柄中间来抵住钳柄、张开钳头，这样分开钳柄灵活。

注意事项：使用断线钳时要量力而行，不可以用断线钳来剪切钢丝、钢丝绳和过粗的铜导线和铁丝，否则容易导致钳子崩牙和损坏。

3.4 剥线钳

剥线钳是用于剥削小直径导线绝缘层的专用工具。它由刀口、压线口和钳柄组成,剥线钳的钳柄上套有额定工作电压为 500 V 的绝缘套管,如图 3-4 所示。

图 3-4 剥线钳

使用剥线钳的要点如下:
(1)要根据导线直径,选用剥线钳刀片的孔径。
(2)根据缆线的粗细型号,选择相应的剥线刀口。
(3)将准备好的电缆放在剥线工具的刀刃中间,选择好要剥线的长度。
(4)握住剥线工具手柄,将电缆夹住,缓缓用力使电缆外表皮慢慢剥落。
(5)松开工具手柄,取出电缆线,这时电缆金属整齐露出外面,其余绝缘塑料完好无损。

3.5 螺丝刀

螺丝刀又称旋凿或起子,是一种紧固或拆卸螺钉的工具。按手柄材料的不同分为木柄和塑料柄两种;按其刀口的形状来分,有"一"字形和"十"字形,如图 3-5 所示。一字形螺丝刀常用的规格按其杆长来分有 8 种(50~300 mm 之间),电工必备的有 50 mm 和 150 mm 两种。十字形螺丝刀专用于紧固或拆卸十字槽的螺钉,常用规格 4 种:Ⅰ号(适用于螺钉直径为 2~2.5 mm),Ⅱ号(适用于螺钉直径为 3~5 mm),Ⅲ号(适用于螺钉直径为 6~8 mm),Ⅳ号(适用于螺钉直径为 10~12 mm)。

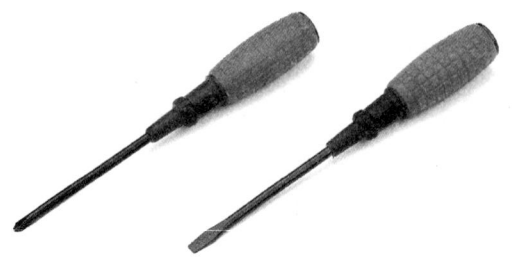

图 3-5 螺丝刀

使用螺丝刀时应注意:
(1)不可使用金属杆直通柄顶的螺丝刀具带电作业。
(2)使用螺丝刀紧固或拆卸带电的螺钉时,手不得触及螺丝刀的金属杆,以免触电。

（3）为了避免螺丝刀的金属杆触及皮肤或触及邻近的带电体，应在杆上穿套绝缘管。

3.6 万用表

万用表是一种多功能、多量程、便于携带的电子仪表。它可以用来测量直流电流、直流电压、交流电流、交流电压、电阻、音频电平和晶体管直流放大倍数等物理量。万用表由表头、测量线路、转换开关以及测试表笔等组成。

万用表可以分为模拟式万用表和数字式万用表。模拟式万用表是由磁电式测量机构作为核心，用指针来显示被测量数值；数字式万用表是由数字电压表作为核心，配以不同转换器，用液晶显示器显示被测量数值，如图 3-6 所示。

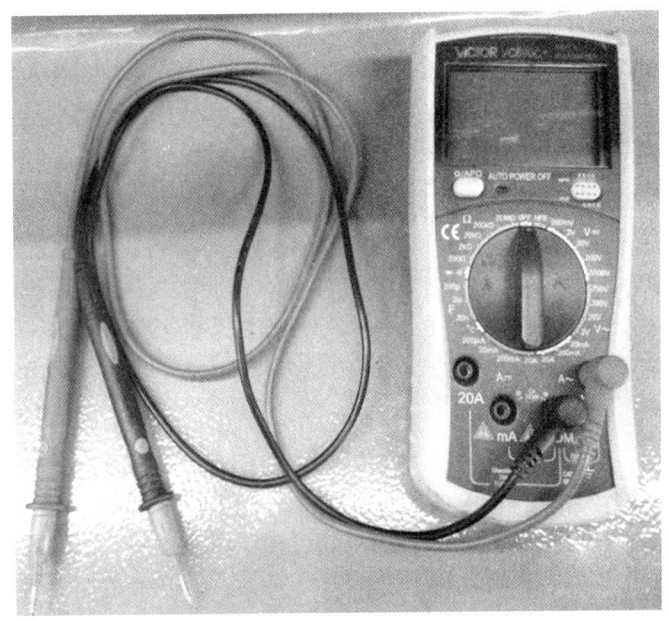

图 3-6 数字万用表

1. 万用表的使用方法

1）测量交流电压

将转换开关转到"V"符号，根据被测电压的高低选择合适的量程，如果被测电压高低不知道时，可选择最大量程，将万用表并联在被测电路中，当指针偏转很小时，再逐级调低到合适的量程。

2）测量直流电压

将转换开关转到"<u>V</u>"符号，测量支流电压时正、负极不能接错，"+"插口的表棒接至被测电压的正极，"-"插口的表棒接至被测电压的负极，若接反，会因逆向偏转而使指针被打弯。如果无法弄清被测电压的正负极，可先选较高量程档，用两根表棒很快地碰一下测量点，看清表针的转向后，再调整量程进行测量。

3）测量直流电流

将转换开关转到"mA"、"μA"符号适当量程档，然后按电流的正负极方向，将万用表串联到被测电路中进行测量。

4）测量电阻

将转换开关转到"Ω"符号的适当量程档，先将两根表棒短接，旋转调零旋钮，然后进行测量，注意单位。

2. 万用表的使用注意事项

万用表是比较精密的仪器，如果使用不当，会造成测量不准确且极易损坏万用表。但是，只要我们掌握万用表的使用方法和注意事项，谨慎从事，那么万用表就能经久耐用。使用万用表时应注意如下事项：

（1）要正确使用插孔（端钮），一定要按颜色将红色表棒插入"+"极孔，黑色表棒插入"-"极孔。

（2）测量电流与电压不能旋错档位。如果误用电阻档或电流档去测电压，就极易烧坏电表。万用表不用时，最好将档位旋至交流电压最高档，避免因使用不当而损坏。

（3）测量直流电压和直流电流时，注意"+""-"极性，不要接错。如发现指针反转，应立即调换表棒，以免损坏指针及表头。

（4）如果不知道被测电压或电流的大小，应先用最高档试测，而后再选用合适的档位来测试，以免表针偏转过度而损坏表头。

（5）所选用的档位愈靠近被测值，测量的数值就愈准确。量程的选择应使指针在量程的 $\frac{1}{2} \sim \frac{1}{3}$ 范围内。

（6）严禁在被测电阻带电的状态下进行测量。

（7）测量前应对万用表进行调零。

（8）测量电阻尤其是测量大电阻时，不要用手触及元件的裸体的两端（或两支表棒的金属部分），以免人体电阻与被测电阻并联，使测量结果不准确。

（9）测量电阻时，若将两支表棒短接，调"零欧姆"旋钮至最大，指针仍然达不到 0 点，这种现象通常是由于表内电池电压不足造成的，应换上新电池方能准确测量。

（10）检测晶体管极性时，应注意测棒的正、负极性与电池的极性相反。

（11）在测量较高电压或较大电流时，不准带电转动开关旋钮，以防烧坏开关触点。

（12）万用表不用时，不要旋在电阻档，因为表内有电池，如果不小心使两根表棒相碰短路，不仅会耗费电池，严重时甚至会损坏表头。

3.7 双踪示波器

1. 概述

下面以 GOS-6050 双踪示波器为例进行介绍。GOS-6050 双踪示波器具有 0~50 MHz 的频率宽度，可同时显示两路被测信号的波形，也可以测试信号的幅值、周期（频率）。

2. 技术参数

1）垂轴系统

输入灵敏度：1 mV/DIV ~ 20 V/DIV，按 1 – 2 – 5 进档，共 14 档，附微调功能。

精度：1 mV，2 mV/DIV+5%，5 mV，20 V/DIV+3%。

频带宽度：直流 DC-50 MHz；交流 20 ~ 50 MHz。

输入阻抗：1 MΩ+2% //约 25 pF。

耦合方式：AC、GND、DC。

工作方式：CH1，CH2，DUAL（CHOP，ALT），ADD，CH2 INV。

最大输入电压：400 V（直流加交流峰值）在 1 kHz 或以下。

2）扫描系统

扫描时间：0.2 μs/DIV ~ 0.5 s/DIV，共 20 档，连续可变微调至面板指示值的 $\frac{2}{5}$ 或以下。

扫描放大：×5，×10，×20 MAG。

3）触发源

VERT，CH1，CH2，LINE，EXT。

4）校准信号

方波；电压：0.5 V+3%；频率：约 1 kHz。

5）工作电源

交流 100 V/120 V/ 230 V+10%，50/60 Hz。

3. 面板说明

GOS—6050 双踪示波器如图 3-7 所示。

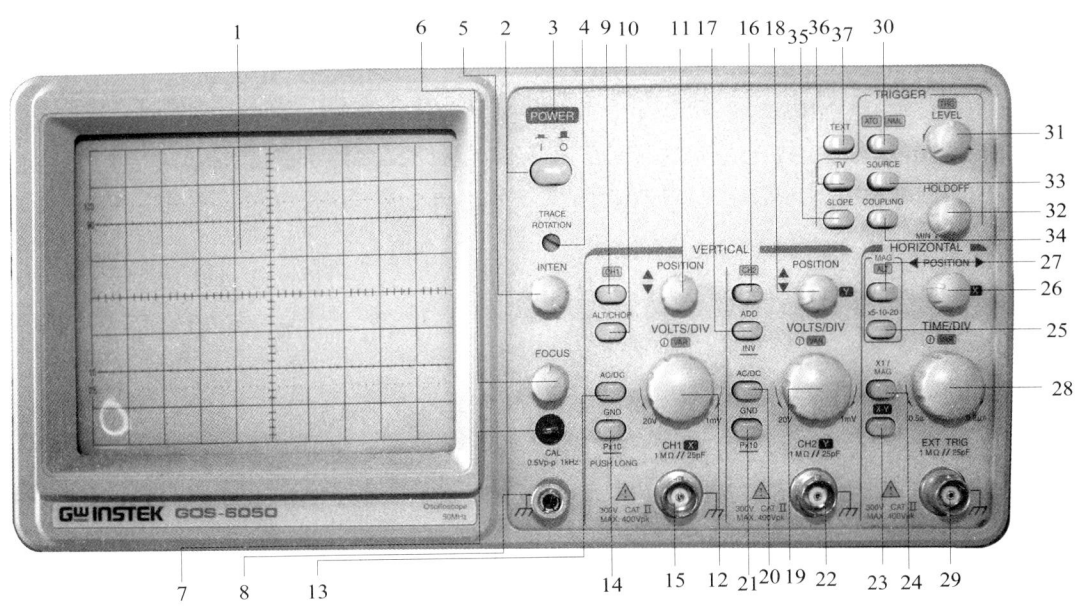

图 3-7 GOS—6050 双踪示波器面板图

1）电源、显示调整及校准旋钮功能说明

（1）CRT：6英寸内附刻度线之方形显示器。

（2）POWER：电源开关。

（3）电源指示灯。

（4）TRACE ROTATION：可调整水平亮线的倾角。

（5）INTEN：调整显示亮线的亮度。

（6）FOCUS：聚焦调整旋钮。

（7）CAL：校正用电压信号端子，可输出电压为 0.5 V、频率约为 1 kHz 的方波信号。

（8）接地端子，与其他仪器取得相同的接地时用。

2）垂轴系统按键、旋钮功能说明

（9）CH1 按键：CH1 通道选择按键，按一次此按键，CH1 按键上方黄灯亮，CH1 通道正常工作，再按一次此按键，CH1 按键上方黄灯灭，CH1 通道关闭。

（10）ALT/CHOP：ALT 与 CHOP 转换按键，ALT 功能是每次扫描交替显示 CH1 及 CH2 的输入信号。CHOP 的功能是与 CH1 及 CH2 输入信号的频率无关，而以 250 kHz 在两频道间切换显示。

（11）POSTION：可以调整显示屏上 CH1 波形的垂直位置，在 X-Y 动作时可作为 X 轴位置调整用。

（12）VOLTS/DIV：用于设定垂直轴感度的 CH1 垂直轴衰减旋钮。此旋钮可在 1-2-5 级数间切换（通过显示屏下部的字符来观察）。当按下此旋钮，旋钮上方的指示灯由黄色变成红色后，此旋钮处于 CH1 垂直轴衰减的微调状态，再按一次此旋钮，旋钮上方的指示灯由红色变成黄色后，又恢复。在 X-Y 动作时可作为 X 轴位置调整用。

（13）AC/DC：输入信号为交流电与直流电转换按键（通过显示屏下部的字符来观察）。

（14）GND/P×10：按下此按键，将垂直增幅器的输入端接地，再按一次此按键，输入端处于正常输入状态（通过显示屏下部的字符来观察）。当按下此键的时间超过 3 s 时，信号垂直幅度增大 10 倍，处于 P×10 状态；当再次按下此键的时间超过 3 s 时，恢复为原来状态。

（15）CH1（X）：CH1 的垂直输入端子。在 X-Y 动作下时则为 X 轴输入端子。

（16）CH2 按键：CH2 通道选择按键，按一次此按键，CH2 按键上方黄灯亮，CH2 通道正常工作；再按一次此按键，CH2 按键上方黄灯灭，CH2 通道关闭。

（17）ADD（INV）：ADD 功能显示 CH1 及 CH2 输入信号的合成波形（CH1+CH2）。当按下此键的时间超过 3 s 时，CH2 处于 INV 状态，则显示 CH2 输入信号极性反相。

（18）POSTION：可以调整显示屏上 CH2 波形的垂直位置，在 X-Y 动作时可作为 Y 轴位置调整用。

（19）VOLTS/DIV：用于设定垂直轴感度的 CH2 垂直轴衰减旋钮。此旋钮可在 1-2-5 级数间切换（通过显示屏下部的字符来观察）。当按下此旋钮，旋钮上方的指示灯由黄色变成红色后，此旋钮处于 CH2 垂直轴衰减的微调状态；再按一次此旋钮，旋钮上方的指示灯由红色变成黄色后，又恢复。在 X-Y 动作时可作为 Y 轴位置调整用。

（20）AC/DC：输入信号为交流电与直流电转换按键。

（21）GND/P×10：按下此按键，将垂直增幅器的输入端接地；再按一次此按键，输入端处于正常输入状态（通过显示屏下部的字符来观察）。当按下此键的时间超过 3 s 时，信号垂直幅度增大 10 倍，处于 P×10 状态；当再次按下此键的时间超过 3 s 时，恢复为原来状态。

（22）CH2（Y）：CH2 的垂直输入端子。在 X-Y 动作下时则为 Y 轴输入端子。

3）扫描系统按键、旋钮功能说明

（23）X-Y：按一次此按键，VERT 模式设定为无效，而将 CH1 变为 X 轴，CH2 变为 Y 轴的 X-Y 轴示波器。再按一次，恢复为 VERT 模式。

（24）×1/ MAG：水平轴倍数选择按键，按一下此按键，水平轴倍数可通过（25）按键选择×5-10-20 的倍数选择。再按一下此按键，水平轴倍数为×1。

（25）×5-10-20：水平轴倍数按键，不断按此按键，可依次选择×5-10-20 的水平轴倍数（通过显示屏下部的字符来观察）。

（26）POSTION：可以调整显示屏上显示波形的水平位置。

（27）ALT：每次交替显示 CH1 和 CH2 的输入信号。

（28）TIME/DIV：扫描时间切换器。此旋钮可在 0.2 μs ~ 0.5 s 之间以 1-2-5 级数间切换（通过显示屏下部的字符来观察）。当按下此旋钮，旋钮上方的指示灯由黄色变成红色后，此旋钮处于扫描时间微调状态；再按一次此旋钮，旋钮上方的指示灯由红色变成黄色后，又恢复为原状态。

4）触发源按键、旋钮功能说明

（29）EXT TRIG：外部触发信号输入端子。

（30）ATO/NML：触发模式选择，ATO 模式由 TRIGGER 信号启动扫描；NML 模式由 TRIGGER 信号启动扫描，但是与 ATO 模式不同，若无正确的 TRIGGER 信号则不会显示亮线。

（31）TRIGGER LEVEL：可用于调整在 TRIGGER 信号波形 SLOPE 的哪一点上被触发而开始进行扫描。

（32）HOLDOFF：用于调节 HOLD-OFF 时间。

（33）SOURCE：用于选择触发信号的来源（VERT、CH1、CH2、LINE、EXT）。

（34）COUPLING：用于选择触发耦合。

（35）SLOPE：用于选择触发扫描信号源的极性。

（36）TV：将复合映像信号的同步脉冲信号分离出来与 TRIGGER 电路结合。

（37）TEXT：显示屏字符亮度调节，通过连续轻触此按键，显示屏字符亮度依次由暗到亮变化，当到最亮后，再轻触此按键，字符亮度又变为最小。

4. 使用方法

接通电源，电源指示灯亮。稍等预热，屏幕出现光迹，分别调节亮度和聚焦旋钮，使光迹的亮度适中、清晰。

通过连接探头将本机校准信号输入至 CH1 或 CH2 通道，调节电平旋钮使波形稳定，分别调节 X 轴和 Y 轴的位移，使波形居中。

做完以上工作，证明本机工作状态基本正确，可以进行测。

正弦交流电的电压测量和频率测量：将 CH1 或 CH2 的垂直输入耦合方式置于 AC 位置

（通过显示屏下方字符显示）。调节 VOLTS/DIV 旋钮和 TIME/DIV 旋钮，使正弦波在显示屏显示波形位置合适，示波器探头置于×1挡，则正弦交流电压 $V_{p-p} = \dfrac{V}{DIV} \times h(DIV)$，其中，$h(DIV)$ 为正弦波波谷至波峰的高度，单位为格。$V_{有效值} = V_{p-p}/2\sqrt{2}$。正弦交流电周期 $T = s/DIV \times d(DIV)$，其中，$d(DIV)$ 为波形一个周期的宽度，单位为格。$f = \dfrac{1}{T}$。

3.8 交流数字毫伏表

1. 概述

此处以 YB2173B 双路交流数字毫伏表为例进行介绍。YB2173B 双路交流数字毫伏表由两组性能相同的集成电路及晶体管组成的高稳定度的放大电路和数码显示表头等组成，其数码表头显示直观、清晰，可进行双路交流电压同时测量和比较。该毫伏表具有测量电压范围宽、测量电压灵敏度高、噪声低、测量误差小等优点，并且具有相当好的线性度。

2. 技术参数

测量电压范围：30 μV ~ 300 V。

测量电压的频率范围：10 Hz ~ 2 MHz。

电压量程：6 级，3 mV ~ 300 V。

分贝量程：6 级，−70 dB ~ +40 dB 。

电压误差：≤满刻度的±3%（以 1 kHz 为基准）。

最大输入电压：300 V。

输入阻抗：≥1 MΩ。

输入电容：≤50 pF。

输出电压：0.1 Vrms±10%。

输出电压频响：10 Hz ~ 200 kHz≤±3%（以 1 kHz 为基准，无负载）。

电源电压：AC 200 V±10%，50Hz±4%。

3. 面板说明

YB2173B 双路交流数字毫伏表面板如图 3-8 所示。

4. 使用方法

（1）打开电源后仪器自动置于高量程挡，若被测电压较小，可逐挡转换到低量程挡，直到数码显示能显示正常数值并接近量程为止。

（2）测量时，先接地线，后接信号线；测量后，应先把量程还原至高量程挡，再去除信号线、地线。

（3）读数时，直接读出数码显示所显示的数值，当量程处于"V"挡（3 ~ 300 V）时，单位为伏（V）；当量程处于"mV"（3～300 mV）档时，单位为毫伏（mV）。

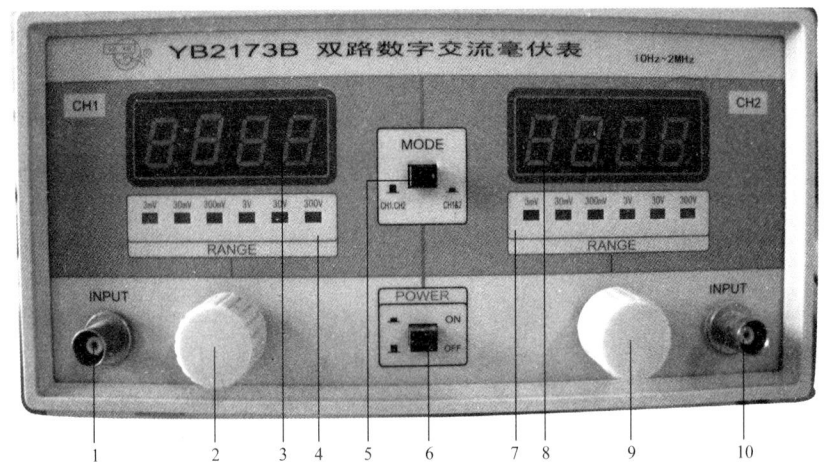

图 3-8　YB2173B 双路交流数字毫伏表面板图

1—左通道输入端子；2—左通道输入量程旋钮；3—左通道输入量程指示；4—左通道输入电压数码显示；
5—左右通道同步功能按键；6—电源开关；7—右通道输入量程指示；8—右通道输入电压数码显示；
9—右通道输入量程旋钮；10—右通道输入端子

3.9　函数信号发生器

1. 概述

下面以 YB1610P 函数信号发生器为例进行介绍。YB1610P 函数信号发生器具有高稳定度、多功能、功率输出等特点，能产生正弦波、方波、三角波、脉冲波、斜波；输出频率和幅度由 LED 显示，其余功能则由发光二极管指示，用户可以直观、准确地了解仪器的使用状况。

2. 技术参数

频率范围：0.1 Hz～10 MHz。

输出波形：正弦波、方波、三角波、脉冲波、斜波、50 Hz 正弦波。

方波上升时间：100 ns。

输出电压幅度：≥20 Vp-p（1 MΩ）。

直流偏置：±10 V（1 MΩ）。

输出阻抗：50 Ω。

占空比调节：20%～80%。

计数范围：6 位（999999）。

幅度显示、分辨率：3 位，分辨率：1 mVp-p（40 dB）。

TTL 输出幅度："0"：≤0.6 V；"1"：≥2.8 V。

TTL 输出阻抗：600 Ω。

频率测量精度：6位±1% ±1个字。

外测频范围：1 Hz ~ 10 MHz。

幅度显示误差：±15% ±1个字。

输出电压：35 V_{p-p}。

输出功率：≥10 W。

直流电平偏移范围：+15 V ~ -15 V。

电源电压：AC 220 V±10%，50 Hz±5%。

3. 面板说明

YB1610P 函数信号发生器如图3-9所示。

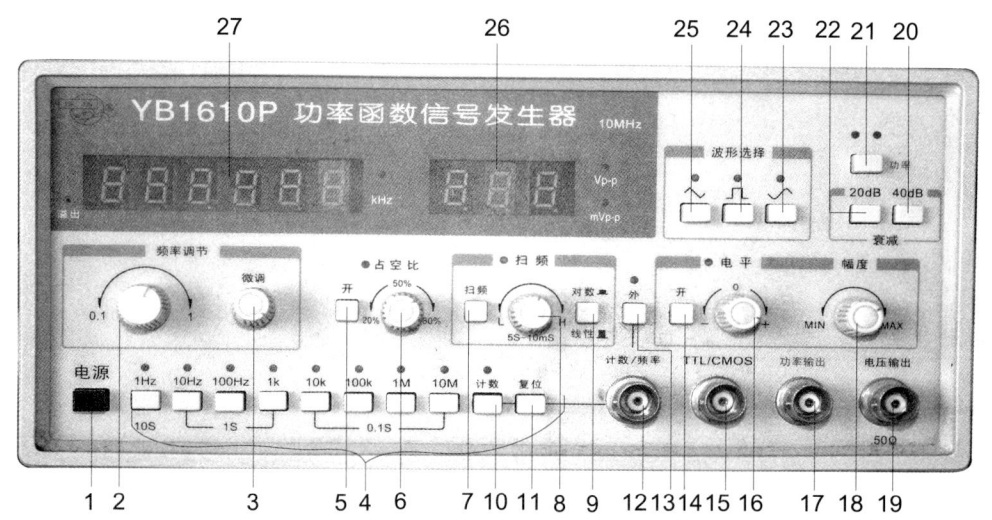

图 3-9 YB1610P 函数信号发生器面板图

1—电源开关；2—频率调节；3—频率微调；
4—频率选择；5—波形占空比调节功能开关；6—波形占空比调节；
7—扫频功能开关；8—扫频时间调节旋钮；9—扫频时间轴关系选择开关；10—频率计数功能开关；
11—频率计数复位；12—频率/计数信号输入端子；13—外输入信号开关；14—输出信号直流电位功能开关；
15—TTL/COMS 信号输出端子；16—输出信号直流电位调节；17—功率信号输出端子；18—输出信号幅度调节；
19—电压信号输出端子；20—40 dB 衰减按键；21—功率信号输出按键；22—20 dB 衰减按键；23—正弦波选择按键；
24—方波选择按键；25—三角波选择按键；26—输出信号幅度（V_{p-p}）显示；27—输出信号频率显示（单位为 kHz）

4. 使用方法

（1）打开电源。

（2）输出波形选择：通过 23、24、25 按键选择所需波形。

（3）频率调节：首先调节频率范围选择按键 4 至相应的频率挡，通过频率调节旋钮 2 和频率微调旋钮 3 调至所需信号频率，通过信号频率显示 27 直接观察。

（4）幅值调节：调节输出信号幅度调节旋钮 18 至所需电压值。如需小信号输出，则通过输出衰减按键 20 和 22 对输出信号进行衰减，调节输出信号幅度调节旋钮 18 至所需电压值。

（5）将所调信号接入电路。

3.10 电烙铁

1．电烙铁简介

电烙铁是手工施焊的主要工具，其外形如图 3-10 所示。选择合适的烙铁，并合理地使用它，是保证焊接质量的基础。由于结构用途的不同，有各式各样的烙铁，从烙铁的功率分，有 20 W，30 W，…，300 W 等；从加热方式分，有直热式、感应式、气体燃烧式等。

图 3-10 电烙铁外形

常用的电烙铁一般为直热式。直热式又可分为外热式、内热式和恒温式三类。直热式电烙铁主要由烙铁芯、烙铁头、手柄、接线柱等组成。典型的电烙铁结构如图 3-11 所示，它的关键部件是烙铁芯，它是将镍铬电阻丝绕在云母、陶瓷等耐热、绝缘材料上构成。烙铁头安装在烙铁芯的里面，称为外热式电烙铁；烙铁芯安装在烙铁头里面，称为内热式。它们的工作原理类似。在接通电源后，烙铁芯升温，烙铁头受热温度升高，达到工作温度后，就可以进行焊接。由于内热式电烙铁的烙铁芯在烙铁头内部发热，因而具有发热快、热利用率高、重量轻、体积小、耗电省得特点，得到了普遍应用，电子产品的手工焊接多采用内热式电烙铁。

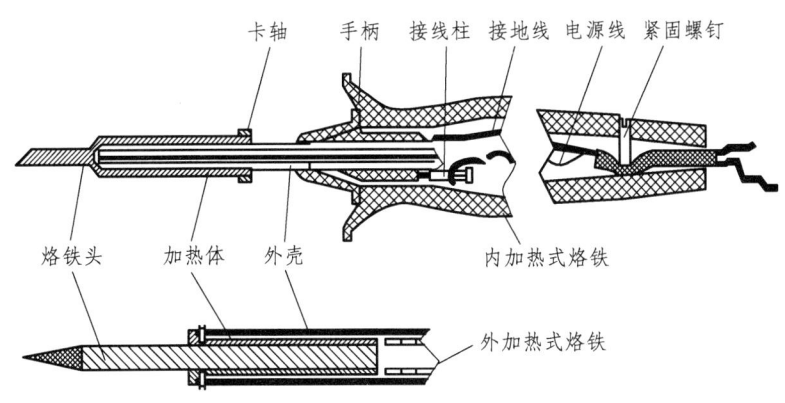

图 3-11 典型电烙铁内部结构图

烙铁头是用紫铜制作的，它的作用是储存热量和传导热量。为适应不同焊接物面的需要，烙铁头也有不用的形状，常见的有锥式、凿式和圆斜面式等，其中，圆斜面式是市售烙铁头的一般形式。选择烙铁头的依据是：应使它尖端的接触面积小于焊接处（焊盘）的面积。烙铁头接触面过大，会使过量的热量传导给焊接部位，损坏元器件及印制板。

2. 电烙铁的选择

电烙铁的种类及规格有很多种，而且被焊工件的大小又有所不同，因而合理地选用电烙铁的功率和种类，对提高焊接质量和效率有直接的关系。一般选择电烙铁主要从烙铁的种类、功率及烙铁头的形状三个方面考虑。一般的焊接应首选内热式电烙铁；对于大型元器件及直径较粗的导线，应考虑选用功率大的外热式电烙铁。当要求工作时间长、被焊元器件又少时，则应考虑用恒温电烙铁。具体来说，采用小型元器件的普通印制电路板和 IC 电路板的焊接，应选用 20～25 W 内热式电烙铁或 30 W 外热式电烙铁；焊接导线及圆轴电缆，应选用 45～75 W 外热式电烙铁或 50 W 内热式电烙铁；焊接较大的元器件，如输出变压器的引线脚，应选用 100 W 以上的电烙铁。

3. 电烙铁的正确使用

电烙铁拿法有三种，如图 3-12 所示。反握法动作要稳，长时间操作不易疲劳，适用于大功率烙铁的操作；正握法适用于中等功率烙铁或带弯头电烙铁的操作；握笔法易于掌握，但长时间操作容易疲劳，一般在操作台上焊印制电路板等焊件时多采用握笔法。

（a）反握法　　（b）正握法　　（c）笔握法

图 3-12　电烙铁的握法

使用电烙铁首先要校对电源电压是否与电烙铁的额定电压相符，要注意用电安全，避免发生触电事故。新烙铁、已氧化不沾锡或使用过久而出现凹坑的烙铁头可先用砂纸或细锉刀打磨，使其露出紫铜光泽，而后将电烙铁通电 2～3 min，在木板上放些松香并放一段焊锡，烙铁沾上锡后在松香中来回摩擦，直到整个烙铁修整面均匀地镀上一层锡，这叫搪锡。搪锡后如果出现烙铁头挂锡太多而影响焊锡质量，千万不可摔打电烙铁或敲击电烙铁，因为这样可能导致人身伤害，也可能使烙铁芯的瓷管破裂。可在湿布或湿海绵上擦拭去掉多余焊锡或烙铁头上的残渣。电烙铁在使用中还应注意经常检查手柄上紧固螺钉及烙铁头的锁紧螺钉是否松动，若出现松动，易使电源线扭动、破损，引起烙铁芯引线短路。

4. 手工焊接的基本步骤

1）五步操作法

正确的焊接操作过程分为五个步骤，也称五步法，如图 3-13 所示。

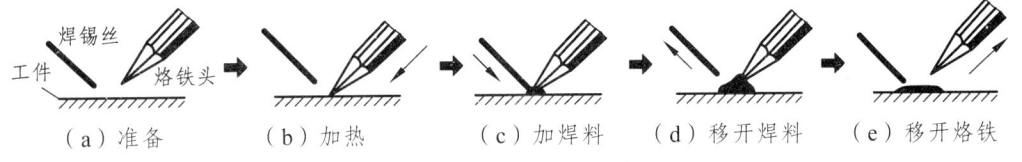

图 3-13　五步操作法

（1）准备：焊接前应准备好焊接的工具和材料，清洁被焊件及工作台，进行元器件的插装及导线端头的处理工作；然后左手拿焊锡，右手握电烙铁，进入待焊状态。

（2）加热：用电烙铁加热被焊件，使焊接部位的温度上升至焊接所需要的温度。加热 1～2 s 后即可进行下一步。

加热过程中应特别注意几个问题：

① 烙铁头要同时接触焊盘和引脚，尤其一定要接触到焊盘。

② 烙铁头的椭圆截面的边缘处（即图 3-14 中的 A 点）也一定要镀上锡，否则不便于给焊盘加热。

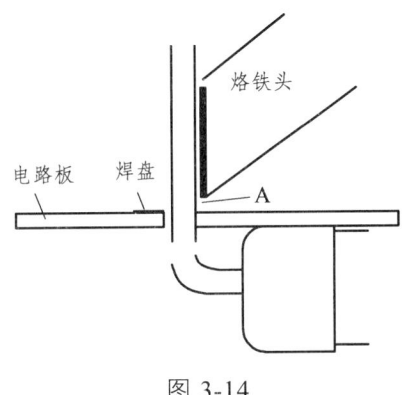

图 3-14

③ 加热时，电烙铁头切不可用力压焊盘或在焊盘上转动。由于焊盘是由很薄的铜敷在纤维板上的，高温时，机械强度很差，稍一用力焊盘就会脱落，从而造成无法挽回的损失，加之烙铁头的侧刃又比较锋利，更使得这种现象在实训中时有发生。

（3）加焊料：当焊件加热到一定的温度后，仍保持烙铁头与它们的接触，然后在烙铁头与焊接部位的结合处以及对称的一侧加上适量的焊料。随着焊料的熔化，焊盘上的焊料将会流满整个焊盘堆积起来，形成焊点。标准的焊点应如图 3-15 所示。

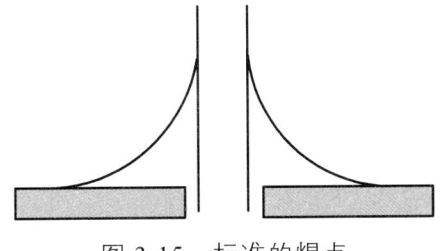

图 3-15　标准的焊点

标准的焊点应具备以下几点：

① 焊锡流满整个焊盘。

② 表面光亮、无毛刺。

③ 焊锡与引脚及焊盘能很好地融合，看不出界限。

送锡的量应把握一个原则：在焊锡流满整个焊盘的前提下，用锡越少越好。

（4）移开焊料：适量的焊料熔化后，迅速向左上方移开焊料；然后用烙铁头沿着焊接部位将焊料拖动或转动一段距离，确保焊料覆盖整个焊点。

（5）移开烙铁：当焊点上的焊料充分润湿焊接部位时，立即向右上方45°的方向移开电烙铁，结束焊接。

如果烙铁移开的速度不够快，则会出现图3-16所示的效果，并且十分不好修复。所以，工程上常采用沿着元件引脚方向（图中箭头所示方向）移开电烙铁的方法，这样，即使出现毛刺，也靠在元件的引脚上，将会随着引脚被一起剪掉而不留任何痕迹。

烙铁移开后要保持两个不动：元件不动、电路板不动。因为此时的焊点处在熔化状态，机械强度极弱，元件与电路板的相对移动会使焊点变形，严重影响焊接质量。

另外也要控制好焊接的时间。电烙铁停留的时间太短，焊锡不易完全熔化、不易接触好，形成"虚焊"，如图3-17所示；而焊接时间太长又容易损坏元器件，或使印刷电路板的铜箔翘起。

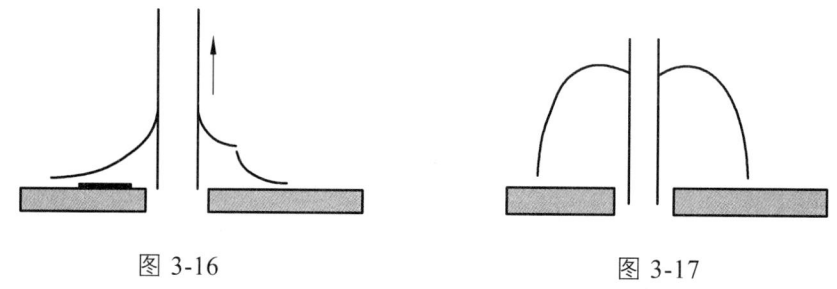

图 3-16　　　　　　　　　图 3-17

上述（2）～（5）的操作过程，一般要求在2～3 s的时间内完成。实际操作中，具体的焊接时间还要根据环境温度的高低、电烙铁的功率大小以及焊点的热容量来确定。

2）三步操作法

在焊点较小的情况下，也可采用三步法完成焊接，即将五步法中的（2）、（3）步合为一步，指加热被焊件和加焊料同时进行；（4）、（5）步合为一步，指同时移开焊料和烙铁头。三步操作法如图3-18所示。

图 3-18　三部操作法

5. 手工焊接的操作要领

（1）焊剂的用量要合适。

使用焊剂时，必须根据被焊件面积大小和表面状态适量施用。用量过少，焊料和焊件不能牢固结合，会降低焊点的强度；用量过多，不但会造成浪费，而且会造成焊后焊点周围出现残渣，使印制电路板的绝缘性能下降，同时还可能腐蚀元器件。较合适的焊剂量是能润湿被焊物的引线和焊盘即可。

（2）电烙铁的操作方法。

在加热时，电烙铁必须同时对连接点上的若干个被焊金属加热，如图3-19所示。焊接结束时，要注意电烙铁的撤离方向。因为电烙铁除了具有加热作用外，还能够控制焊料的留存量。如图3-20所示为电烙铁撤离方向与焊料留存量的关系。

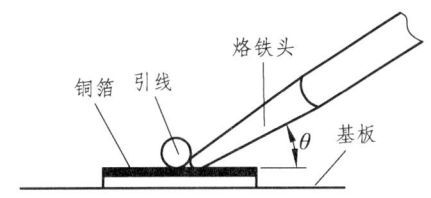

图3-19 电烙铁接触焊点的方法

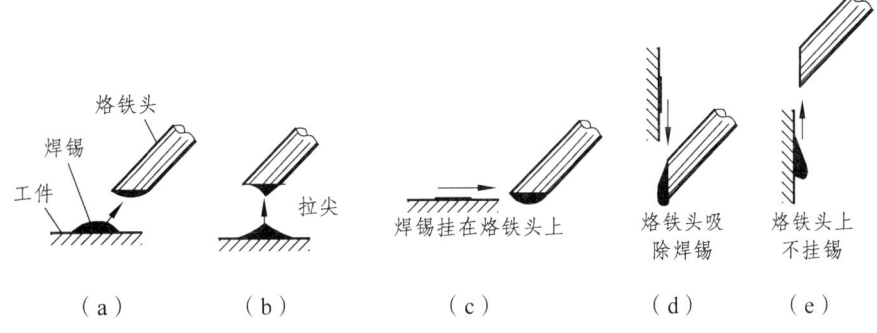

图3-20 电烙铁的撤离方向与焊料的留存量

图3-20（a）中，电烙铁以45°的方向撤离，焊点圆滑，带走少量焊料。

图3-20（b）中，电烙铁垂直向上撤离，焊点容易拉尖。

图3-20（c）中，电烙铁以水平方向撤离，带走大量焊料。

图3-20（d）中，电烙铁沿焊点向下撤离，带走大部分焊料。

图3-20（e）中，电烙铁沿焊点向上撤离，带走少量焊料。

掌握上述撤离方向，就能控制焊料的留存量，使每个焊点符合要求。

（3）把握好焊接的温度和时间。

焊接温度如果过低，焊锡流动性差，容易凝固，形成虚焊。如果锡焊温度过高，将会造成焊锡流淌，焊点不易存锡，焊剂分解速度加快，使金属表面加速氧化，容易导致印制电路板上的焊盘脱落。当使用天然松香助焊剂时，锡焊温度过高容易造成虚焊。

焊接时间的把握主要是根据被焊件是否完全被焊料所润湿的情况而定。通常焊点光亮、圆滑，说明烙铁头与焊点的接触时间恰当，如果焊点不亮并形成粗糙面，说明温度不够，时间太短，此时只要将烙铁头继续放在焊点上多停留些时间，便可改善焊点的粗糙程度。

（4）掌握合适的焊接时间和温度。

掌握合适的焊接时间和温度，可以保证形成良好的焊点。温度太低，焊锡的流动性差，在焊料和被焊金属的界面难以形成合金，不能起到良好的连接作用，并会造成虚焊（假焊）的结果；温度过高，易造成元器件损坏、电路板起翘、印制板上铜箔脱落，还会加速焊剂的挥发，被焊金属表面氧化，造成焊点夹渣而形成缺陷。

  焊接的温度，与电烙铁的功率、焊接的时间、环境温度有关。保证合适的焊接温度，可以通过选择电烙铁和控制焊接时间来调节。电烙铁的功率越大，产生的热量越大，温升越快；焊接时间越长，温度越高；环境温度越高，散热越慢。真正掌握焊接的最佳温度，获得最佳的焊接效果，还须进行严格的训练，在实际操作中去体会。

  （5）焊接后的处理。

  焊接结束后，应将焊点周围的焊剂清洗干净，并检查有无漏焊、错焊、虚焊等现象。

第4章 电子元器件基础知识

电子元器件是元件和器件的总称。电子电路中常用的电子元器件主要有电阻器、电容器、电感、变压器、晶体二极管、晶体三极管、集成电路等。本教材仅对常用的元器件进行简单介绍,实际用到的器件可自行查找相关参数等信息。

4.1 电阻器

电阻器简称"电阻",它是电子系统中应用十分广泛的元件,常用字母"R"表示。电阻器阻值的常用单位有欧姆(Ω)、千欧(kΩ)和兆欧(MΩ)。电阻器利用它自身消耗电能的特性,在电路中起降压、分压、限流、向各种电子元件提供必要的工作条件(电压或电流)等几种功能。

1. 电阻器的分类

电阻器的种类有很多,通常分为三大类:固定电阻、可变电阻、特种电阻。在电子产品中,以固定电阻应用最多。

1)固定电阻

固定电阻因其制造材料不同又可分为好多类,常用、常见的有 RT 型碳膜电阻、RJ 型金属膜电阻、RX 型线绕电阻,还有近年来开始广泛应用的片状电阻。电阻器的型号命名很有规律,R 代表电阻,T-碳膜,J-金属,X-线绕,是拼音的第一个字母。

电阻器也可以按功率进行分类。常见的是 1/8 W 的"色环碳膜电阻",它是电子产品和电子制作中用得最多的。当然在一些微型产品中,会用到 1/16 W 的电阻,它的个头小多了。再者就是微型片状电阻,它是贴片元件家族的一员,多用于印刷电路板中,如计算机主板等。

2)可变电阻

可变电阻又称为电位器,电子设备上的音量电位器就是可变电阻。一般认为电位器都是可以手动调节的,而可变电阻一般都较小,装在电路板上不经常调节。可变电阻有三个引脚,其中两个引脚之间的电阻值固定,并将该电阻值称为这个可变电阻的阻值。第三个引脚与任两个引脚间的电阻值可以随着轴臂的旋转而改变,这样,就可以调节电路中的电压或电流,从而达到调节的效果。

3)特种电阻

特种电阻有很多种类,下面主要介绍光敏电阻和热敏电阻。

光敏电阻是一种电阻值随外界光照强弱（明暗）变化而变化的元件，光照越强阻值越小，光照越弱阻值越大。如果把光敏电阻的两个引脚接在万用表的表笔上，用万用表的 R×1k 挡测量在不同的光照强度下光敏电阻的阻值：将光敏电阻从较暗的抽屉里移到阳光下或灯光下，万用表读数将会发生变化。在完全黑暗处，光敏电阻的阻值可达几兆欧以上（万用表指示电阻为无穷大），而在较强光线下，阻值可降到几千欧甚至 1 kΩ 以下。

利用光敏电阻这一特性，可以制作各种光控的小电路。事实上街边的路灯大多是用光控开关自动控制的，其中一个重要的元器件就是光敏电阻（或者是光敏三极管，一种与光敏电阻功能相似的带放大作用的半导体元件）。光敏电阻是在陶瓷基座上沉积一层硫化镉（CdS）膜后制成的，实际上也是一种半导体元件。楼道里声控灯在白天不会点亮，也是因为光敏电阻在起作用。

热敏电阻是一种特殊的半导体器件，它的电阻值随着其表面温度的高低变化而变化。它原本是为了使电子设备在不同的环境温度下正常工作而使用的，叫作温度补偿。新型电脑主板的 CPU 测温、超温报警功能，就是利用热敏电阻实现的。

2. 电阻器命名方法

部颁标准（SJ-73）规定，电阻器、电位器的命名由四部分组成：第一部分——主称；第二部分——材料；第三部分——分类特征；第四部分——序号。具体各部分的符号见表 4-1。

表 4-1 电阻器的型号命名法

第一部分		第二部分		第三部分		第四部分
用字母表示主称		用字母表示材料		用数字或字母表示特征		序号
符号	意义	符号	意义	符号	意义	
R	电阻器	T	碳膜	1	普通	
		P	金属膜	2	普通	
		U	合成膜	3	超高频	
		C	沉积膜	4	高阻	
		H	合成膜	5	高温	
		I	玻璃釉膜	7	精密	
		J	金属膜	8	电位器-特殊函数、电阻器-高压	
RP	电位器	Y	氧化膜	9	特殊	
		S	有机实心	G	高功率	
		N	无机实心	T	可调	
		X	线绕	X	小型	
		R	热敏	L	测量用	
		G	光敏	W	微调	
		M	压敏	D	多圈	

例如 RJ71-0.125－5.1kI 型号命名的含义为：R—电阻器；J—金属膜；7—精密；1—序号；

0.125—额定功率；5.1k—标称阻值；J—误差5%。

电阻的主要参数有：标称阻值、允许偏差、额定功率、温度系数，在制作电路时应根据需要来选用。

3. 电阻的标识方法

电阻的标识方法有直标法、色标法、文字符号法等几种。

1）直标法

在一些体积较大的电阻器表面，直接用阿拉伯数字和单位符号标注出标称阻值，有的还直接用百分数标出允许偏差，如图4-1所示。

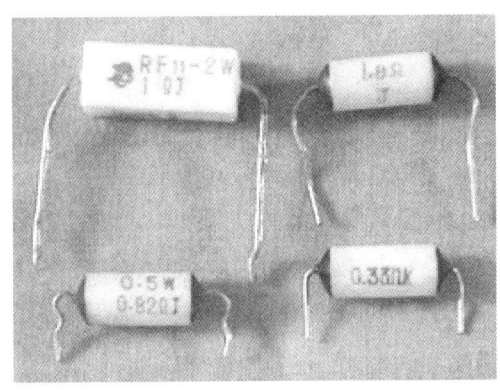

图4-1 电阻的直标法

2）色标法

色标法是用色环或色点（大多用色环）来表示电阻器的标称阻值和允许误差。色环有四道环（普通电阻）和五道环（精密电阻）两种。

四道环电阻第一、二道色环表示标称阻值的有效数；第三道色环表示倍乘；第四道色环表示允许偏差。

五道环电阻第一、二、三道色环表示标称阻值的有效数；第四道色环表示倍乘；第五道色环表示允许偏差。电阻色环对应的含义如表4-2所示。

表4-2 色环对应的数值

颜色	黑	棕	红	橙	黄	绿	蓝	紫	灰	白	金	银	无色
有效数	0	1	2	3	4	5	6	7	8	9			
倍乘	10^0	10^1	10^2	10^3	10^4	10^5	10^6	10^7	10^8	10^9			
偏差（±%）		1	2			0.5	0.25	0.1			5	10	20

示例：色环电阻示意图如图4-2所示，对照表4-2可知该电阻器第一道、第二道环分别为棕色和黑色，即有效数为10；第三道环为橙色，即倍乘为10^3；第四道环为银色，即允许偏差对应10%，则该电阻标称阻值为10 kΩ±10%。五道环电阻值的读法与此类似。

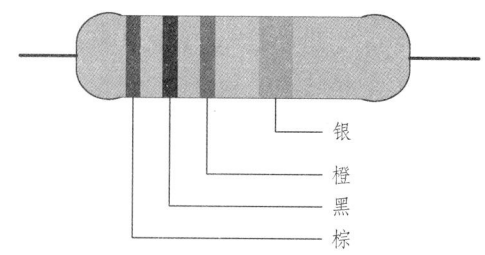

图 4-2 色环电阻示意图

色环电阻判别要点：
（1）最靠近电阻引线一边的色环为第一色环。
（2）最宽的边色环为最后一条色环。
（3）四环电阻的偏差环一般是金色或银色。
（4）有效数字环无金色和银色。若从某端环数起第1、2环有金色或银色，则另一端环是第一环。
（5）偏差环无橙色和黄色。若某端环是橙色或黄色，则一定是第一环。
（6）试读：一般成品电阻器的阻值不大于22 MΩ，若试读大于22 MΩ，说明读反。
（7）五色环中，大多以金色或银色为倒数第二个环。
应注意的是，有些厂家不严格按第1、2条生产，以上各条应综合考虑。

3）文字符号法

文字符号法是用阿拉伯数字和字母按照一定规律排列来表示电阻器的标称阻值。文字符号法示例如表4-3所示。

表 4-3 文字符号法示例

电阻值	字母数字混标法	电阻值	字母数字混标法
0.1 Ω	R10	6.8 MΩ	6M8
0.59 Ω	R59	68 MΩ	68M
1 Ω	1R0	270 MΩ	270M
5.9 Ω	5R9	1000 MΩ	1G
330 Ω	330R	3300 MΩ	3G3
1 kΩ	1k	59000 MΩ	59G
5.9 kΩ	5k9	105 MΩ	100G
68 kΩ	68k	106 MΩ	1T
590 kΩ	590k	3.3×106 MΩ	3T3
1 MΩ	1M	6.8×106 MΩ	6T8
3.3 MΩ	3M3	6.9×106 MΩ	6T9

4. 电阻器的检测方法

对于固定电阻器，可用万用表测量其阻值，查看读数与电阻标称值在允许误差范围内是否相符，如不相符，超出误差范围，则说明该电阻器变值了。注意：测试时，特别是在测几十千欧以上阻值的电阻时，手不要触及表笔和电阻的导电部分；被检测的电阻应从电路中焊下来，至少要焊开一个头，以免电路中的其他元件对测试产生影响，造成测量误差；色环电阻的阻值虽然能以色环标志来确定，但在使用时最好还是用万用表测试一下其实际阻值。

4.2 电容器

电容器简称"电容"，是一种储能元件，常用字母"C"表示，具有"通交流，隔直流"的特性，在电路中用于调谐、滤波、耦合、旁路、能量转换等作用。如图 4-3 所示为常见电容器实物图。电容的基本单位为法拉（F）。但实际上，法拉是一个很不常用的单位，因为电容器的容量往往比 1 法拉小得多，常用微法（μF）、纳法（nF）、皮法（pF）（皮法又称微微法）等，它们的关系是：1 法拉（F）=10^6 微法（μF），1 微法（μF）=10^3 纳法（nF）=10^6 皮法（pF）。

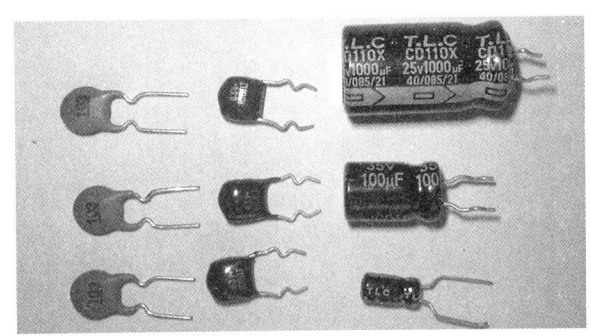

图 4-3 常见电容器实物图

1. 电容器的分类

电容器按其结构可分为固定电容器、半可变电容器、可变电容器三种。但常见的是固定容量的电容，最多见的是电解电容和瓷片电容。

2. 电容器的命名方法

部颁标准（SJ-73）规定，电容器的命名由四部分组成：第一部分——主称；第二部分——材料；第三部分——分类特征；第四部分——序号。具体各部分的符号和意义如表 4-4 所示。

3. 电容器的主要参数

（1）标称容量。标称容量是指电容两端加上电压后它能储存电荷的能力。标在电容外部的电容量数值称为电容的标称容量。

（2）额定耐压值。额定耐压值是表示电容接入电路后，能连续可靠地工作而不被击穿所能承受的最大直流电压。一般选择电容额定电压应高于实际工作电压的 10%~20%。如果电容用于交流电路中，其最大值不能超过额定的直流工作电压。

（3）允许误差。电容的容量误差一般分为三级，即±5%、±10%、±20%，或写成Ⅰ级、Ⅱ

级、Ⅲ级。有的电解电容的容量误差可能大于20%。

表 4-4 电容器型号命名法

| 第一部分 | | 第二部分 | | 第三部分 | | 第四部分 |
| 主 称 | | 材 料 | | 特 征 | | 序 号 |
符 号	意 义	符 号	意 义	符 号	意 义	用字母和数字表示
C	电容器	C	高频瓷	T	铁电	
		T	低频瓷	W	微调	
		I	玻璃釉	J	金属化	
		Y	云母	X	小型	
		V	云母纸	D	低压	
		Z	纸介	M	密封	
		J	金属化纸	Y	高压	
		B	聚苯乙烯等非极性有机薄膜	C	穿心式	
		L	涤纶等极性有机薄膜	S	独石	
		Q	漆膜			
		H	纸膜复合			
		D	铝电解			
		A	钽电解			
		G	金属电解			
		N	铌电解			
		E	其他材料电解			
		O	玻璃膜			

4．电容器的标注方法

电容器的标注方法主要有直标法、色标法、文字符号法、数码法等几种。

（1）直标法。电容器的直标法与电阻器的直标法一样，在电容器外壳上直接标出标称容量和允许偏差。还有不标单位的情况，当用整数表示时，单位为 pF；用小数表示时，单位为 μF；一般为四位数，有时也用两位数。如：2200 为 2200 pF；0.056 为 0.056 μF。如图 4-4 所示为 6800 pF。

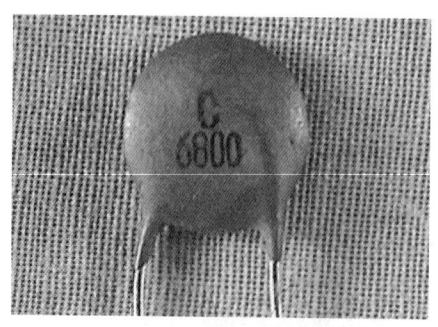

图 4-4 直标法电容

(2)色标法。顺着引线方向,第一、二环表示有效值,第三环表示倍乘。也有的用色点表示电容器的主要参数。电容器的色标法与电阻相同,其单位为 pF。

(3)文字符号法。文字符号法采用单位开头字母(p、n、μ、m、F)来表示单位量,允许偏差和电阻的表示方法相同。如 p1 为 0.1pF、5p9 为 5.9pF、5m9 为 5900 μF 等。

(4)数码法。数码法是用三位数来表示标称容量,再用一个字母表示允许偏差。前两位数是表示有效值,第三位数为倍乘,即 10 的多少次方。对于非电解电容器,其单位为 pF,而对电解电容器而言单位为 μF。如图 4-5 所示 182J 为 1800 pF,偏差±5%。

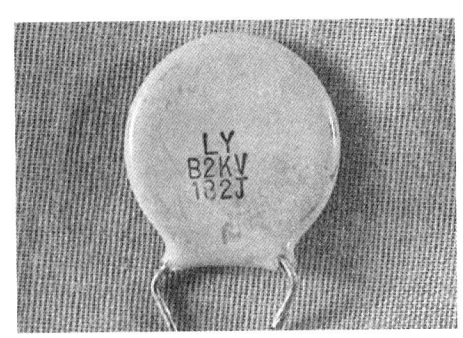

图 4-5 数码法电容实例

5. 电容器的作用

在电子线路中,电容用来通过交流而阻隔直流,也用来存储和释放电荷以充当滤波器,平滑输出脉动信号。小容量的电容通常在高频电路中使用,如收音机、发射机和振荡器中。大容量的电容往往用于滤波和存储电荷。而且还有一个特点,一般 1 μF 以上的电容均为电解电容,而 1μF 以下的电容多为瓷片电容,当然也有其他的,比如独石电容、涤纶电容、小容量的云母电容等。电解电容有个铝壳,里面充满了电解质,并引出两个电极,作为正(+)、负(-)极,与其他电容器不同,它们在电路中的极性不能接错,而其他电容则没有极性。

把电容器的两个电极分别接在电源的正、负极上,过一会儿即使把电源断开,两个引脚间仍然会有残留电压(学了以后的教程,可以用万用表观察),这是因为电容器储存了电荷。电容器极板间建立起电压,积蓄起电能,这个过程称为电容器的充电。充好电的电容器两端有一定的电压。电容器储存的电荷向电路释放的过程,称为电容器的放电。

至于电容滤波,不知你有没有用整流电源听随身听的经历,一般低质的电源由于厂家出于节约成本考虑使用了较小容量的滤波电容,造成耳机中有嗡嗡声。这时可以在电源两端并接上一个较大容量的电解电容(1000 μF,注意正极接正极),一般可以改善效果。发烧友制作 HiFi 音响,都要用至少 1 万微法以上的电容器来滤波,滤波电容越大,输出的电压波形越接近直流,而且大电容的储能作用,使得突发的大信号到来时,电路有足够的能量转换为强劲有力的音频输出。这时,大电容的作用有点像水库,使得原来汹涌的水流平滑地输出,并可以保证下游大量用水时的供应。

电子电路中的电容器只有在充、放电过程中才有电流流过,充、放电过程结束后,电容器是不能通过直流电的,在电路中起着"隔直流"的作用。电路中,电容器常被用作耦合、旁路、滤波等,都是利用它"通交流,隔直流"的特性。交流电之所以能够通过电容器,是因为交流电不仅方向往复交变，它的大小也在按规律变化。电容器接在交流电源上，电容器连续地充电、放电，电路中就会流过与交流电变化规律一致的充电电流和放电电流。

6. 电容器的选用

电容器的选用涉及很多问题，首先是耐压的问题。加在一个电容器两端的电压不得超过它的额定电压，否则电容器就会被击穿损坏。一般电解电容的耐压分档为 6.3 V，10 V，16 V，25 V，50 V 等。

7. 电容器的检测

在使用电容器前，必须对电容器进行测量。电容器的测量应用专用仪器，如电容测量仪，但在大多数情况下，我们采用万用表进行检测。电容器常见的性能不良现象有：开路失效、短路击穿、漏电、电容量变小等。

1）电解电容器的检测

测量时先将电解电容器两个电极短路一下，以放掉电容器储存的电荷，然后将万用表红表笔接电解电容器的负极，黑表笔接电解电容器的正极，在刚接触的瞬间，万用表指针即向右偏转较大角度，接着逐渐向左回转，直到停在某一位置。此时万用表指示的阻值便是电解电容的正向漏电阻，此值略大于反向漏电阻。实际使用表明，电解电容的漏电阻一般应在几百千欧以上。漏电电阻越大越好，如果万用表指针始终停在无穷大或 0 的位置，说明电容器已开路或短路。

对于正、负极标志不明的电解电容器，可利用上述测量漏电阻的方法加以判别极性。即先任意测一下漏电阻，记住其大小，然后交换表笔再测出一个阻值。两次测量中阻值大的那一次便是正向接法，即与黑表笔相接的是电容器正极，当红表笔相接的是电容器负极。

2）其他电容器的质量判别技巧

瓷介质电容器、聚酯薄膜介质电容器、涤纶电容器均称为无极性电容，它的容量比电解电容器小，一般在 2 μF 以下，测量时应选用 R×10 kΩ 档。应该注意的是对于 5 000 pF 以下的电容器，测量时表针偏转得很小，容量再小的电容器万用表就测不出来了，此时，可以用电容测量仪进行测量。若测得的阻值为无穷大或零，说明电容器已内部开路或短路。

4.3 电感器

电感器是一种非线性元件，可以储存磁能。由于通过电感的电流值不能突变，所以，电感对直流电流短路，对突变的电流呈高阻态。电感器在电路中的基本用途有：LC 滤波器、LC 振荡器、扼流圈、变压器、继电器、交流负载、调谐、补偿、偏转等。

1. 电感器分类

电感一般分为两类，一类是应用自感作用的电感线圈；另一类是应用互感作用的变压器。如图 4-6 所示为常见电感器的一些实物图。

图 4-6 常见电感器实物图

2. 电感器的命名

电感器的命名由四部分组成：第一部分——主称，用字母表示（L 为线圈，ZL 为限流圈）；第二部分——特征，用字母表示（G 为高频）；第三部分——型式，用字母表示（X 为小型）；第四部分——区别代号，用字母表示。具体各部分的符号和意义可查阅相关手册。

3. 电感器的标注方法

电感器的标注方法主要有直标法、文字符号法、数码法、色标法等几种。

（1）直标法。采用直标法标注电感器时，直接将电感量标在电感器外壳上，并同时标注允许偏差。如直接在电感器上标 65 μH。

（2）文字符号法。用文字符号表示电感的标称容量及允许偏差，当其单位为 μH 时用 "R" 作为电感的文字符号，其他与电阻器的标相同。

（3）数码法。电感的数码标示法与电阻器一样，前面的两位数为有效数，第三位为倍乘，单位为 μH。如 471 表示 470 μH。

（4）色标法。电感器的色标法多采用色环标志法，色环电感识别方法与电阻相同。通常为四色环，色环电感中前面两条色环代表有效值，第三条色环代表倍乘，第四色环为偏差，具体见表 4-5。

表 4-5 电感器的色标码

色码					
颜色	1 色环	2 色环	3 倍率	4 标称电感值	（1）LGA0307，LGA0410 1 2 3 4

续表

色码				
黑	0	0	1	±20%
棕	1	1	10	-
红	2	2	100	-
橙	3	3	1000	-
黄	4	4	-	-
绿	5	5	-	-
蓝	6	6	-	-
紫	7	7	-	-
灰	8	8	-	-
白	9	9	-	-
金	-	-	0.1	±5%
银	-	-	0.01	±10%

（2）LGA0204，LGA0202

4.4 变压器

变压器是由铁芯和绕在绝缘骨架上的铜线圈构成的。铜线绕在塑料骨架上，每个骨架需绕制输入和输出两组线圈。线圈中间用绝缘纸隔离。绕好后将许多铁芯薄片插在塑料骨架的中间，这样就能够使线圈的电感量显著增大。变压器利用电磁感应原理从它的一个绕组向另外一个绕组传输电能量。

变压器在电路中具有重要的功能：耦合交流信号而阻隔直流信号，并可以改变输入输出的电压比；利用变压器使电路两端的阻抗得到良好匹配，以获得最大限度的传送信号功率。

电力变压器的作用是把高压电变成民用市电，而我们的许多电器都是使用低压直流电源工作的，因而需要用电源变压器把 220 V 交流市电变换成低压交流电，再通过二极管整流、电容器滤波，形成直流电供电器工作。

当然，电源变压器也有其不少缺点，例如功率与体积成正比，笨重、效率低等，现在正在被新型的"电子变压器"所取代。电子变压器一般是"开关电源"，计算机工作需要的几组电压就是开关电源供给的，彩色电视机、显示器中更是无一例外地使用了开关电源。

4.5 二极管

二极管的主要特性是单向导电性，也就是在正向电压的作用下，导通电阻很小；而在反向电压作用下导通电阻极大或无穷大。正因为二极管具有上述特性，因而常把它用在整流、隔离、稳压、极性保护、编码控制、调频调制和静噪等电路中。

1. 二极管的分类

二极管种类有很多，按照所用的半导体材料不同，可分为锗二极管（Ge 管）和硅二极管（Si 管）；根据其用途不同，可分为检波二极管、整流二极管、稳压二极管、开关二极管等。

常见二极管有玻璃封装的、塑料封装的和金属封装的等几种。二极管有两个电极，并且分为正、负极，一般把极性标示在二极管的外壳上。大多数用一个不同颜色的环来表示负极，有的直接标上"-"号。大功率二极管多采用金属封装，并且有个螺帽以便固定在散热器上。

2. 二极管的主要参数

（1）额定正向工作电流，即二极管长期连续工作时允许通过的最大正向电流值。因为电流通过管子时会使管芯发热、温度上升，当温度超过容许限度（硅管为 140 ℃ 左右，锗管为 90 ℃ 左右）时，就会使管芯过热而损坏。所以，二极管使用中不要超过二极管额定正向工作电流值。

（2）最高反向工作电压，加在二极管两端的反向电压高到一定值时，会将管子击穿，使管子失去单向导电能力。为了保证二极管的使用安全，规定了最高反向工作电压值。

（3）反向电流，指二极管在未击穿时的反向电流。其值越小，管子的单向导电性能越好。值得注意的是，反向电流与温度有着密切的关系，大约温度每升高 10 ℃，反向电流增大 1 倍。例如 2AP1 型锗二极管，在 25 ℃ 时反向电流若为 250 μA，温度升高到 35 ℃，反向电流将上升到 500 μA，依此类推，在 75 ℃ 时，它的反向电流已达 8 mA，此时管子不仅失去了单向导电特性，还会因过热而损坏。又如，2CP10 型硅二极管，25 ℃ 时反向电流仅为 5 μA，温度升高到 75 ℃ 时，反向电流也不过 160 μA。故硅二极管与锗二极管相比在高温下具有更好的稳定性。

3. 国产半导体分立器件的命名

国产半导体分立器件由 5 个部分组成，前 3 个部分的符号意义见表 4-6。第 4 部分用数字表示器件序号，第 5 部分用汉语拼音字母表示规格号。

表 4-6 我国半导体分立器件型号命名法第一、二、三部分的意义

第一部分		第二部分		第三部分			
用数字表示器件的电极数目		用字母表示器件的材料和极性		用汉语拼音字母表示器件的类型			
符号	意义	符号	意义	符号	意义	符号	意义
2	二极管	A	N 型，锗材料	P	普通管	S	隧道管
		B	P 型，锗材料	Z	整流管	U	光电管
		C	N 型，硅材料	L	整流堆	N	阻尼管
		D	P 型，硅材料	W	稳压管	Y	体效应管
		E	化合物	K	开关管	EF	发光管
3	三极管	A	PNP 型，锗材料	X	低频小功率管	T	晶闸管
		B	NPN 型，锗材料	D	低频大功率管	V	微波管
		C	PNP 型，硅材料	G	高频小功率管	B	雪崩管
		D	NPN 型，硅材料	A	高频大功率管	J	阶跃恢复管
		E	化合物	K	开关管	U	光电管
				CS	场效应管	BT	特殊器件
				FH	复合管	JG	光电器件

例如 2AP9，"2" 表示二极管，"A" 表示 N 型锗材料，"P" 表示普通管，"9" 表示序号；再如 3DG8，"3" 表示三极管，"D" 表示 NPN 硅材料，"G" 表示高频小功率管，"8" 表示序号。

4．二极管的识别方法

二极管的识别很简单，小功率二极管的 N 极（负极），在二极管外表大多采用一种色圈标出来，如图 4-7 所示；有些二极管也用二极管专用符号来表示 P 极（正极）或 N 极（负极），也有采用符号标志为 "P"、"N" 来确定二极管极性的。发光二极管的正、负极可从引脚长短来识别，长脚为正，短脚为负。

图 4-7　二极管示意图

5．普通二极管的检测

二极管具有单向导电性的特点，性能良好的二极管，其正向电阻小，反向电阻大；这两个数值相差越大越好。若相差不多，则说明二极管的性能不好或已经损坏。

测量方法：将万用表两表棒分别接在二极管的两个电极上，读出测量的阻值；然后将表棒对换再测量一次，记下第二次阻值。若两次阻值相差很大，说明该二极管性能良好；并根据测量电阻小的那次的表棒接法（称之为正向连接），判断出与黑表棒连接的是二极管的正极、与红表棒连接的是二极管的负极。因为万用表的内电源的正极与万用表的 "–" 插孔连通，内电源的负极与万用表的 "+" 插孔连通。

如果两次测量的阻值都很小，说明二极管已经击穿；如果两次测量的阻值都很大，说明二极管内部已经断路；如果两次测量的阻值相差不大，说明二极管性能欠佳。在这些情况下，二极管就不能使用了。

必须指出的是，由于二极管的伏安特性是非线性的，用万用表的不同电阻挡测量二极管的电阻时，会得出不同的电阻值；实际使用时，流过二极管的电流会较大，因而二极管呈现的电阻值会更小些。

4.6　三极管

导体三极管有两大类——双极型半导体三极管和场效应半导体三极管。场效应管在集成电路中经常用到，这里我们只介绍双极型三极管。双极型三极管（BJT）是一种控制电流的半导体器件，可用来对微弱信号进行放大和作无触点开关。它具有结构牢固、寿命长、体积小、耗电省等一系列优点，在各个领域得到广泛应用。

1．三极管分类

三极管符号如图 4-8 所示，其种类很多，按频率分，有高频管、低频管；按功率分，有小功率管、中功率管、大功率管；按半导体材料分，有硅管、锗管；按结构分，有 NPN 型三极管和 PNP 型三极管；按封装形式分，有直插三极管、贴片式三极管等。

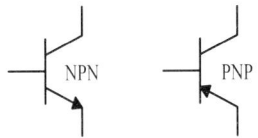

图 4-8　BJT 三极管符号

2．三极管命名

国产三极管的命名规则与二极管类似，详见表 4-6。而对于进口的三极管来说，命名就各有不同，在实际使用过程中要注意积累资料。常用的进口管有韩国的 90xx、80xx 系列，欧洲的 2Sx 系列，在该系列中，第三位含义同国产管的第三位基本相同。

3．双极型三极管的主要参数

双极型三极管有直流参数（三极管在正常工作时需要的直流偏置，亦称直流工作点），交流参数 β（放大倍数）、集电极最大电流 I_{CM}、最大反向电压 U_{CEO} 和最大允许功耗 P_{CM} 等。

（1）电流放大倍数 β。通常三极管的外壳上会用不同的色标来表明该三极管放大倍数所处的范围。表 4-7 为硅、锗开关管，高低频小功率管，低频大功率硅管 D 系列、DD 系列、3CD 系列三极管放大倍数的色度表示的颜色标记。表 4-8 是 3AD 系列的表示法。

表 4-7　D 系列、DD 系列、3CD 系列三极管的放大倍数色标法

β	0～15	15～25	25～40	40～55	55～80	80～120	120～180	180～270	270～400	400～600
色标	棕	红	橙	黄	绿	蓝	紫	灰	白	黑

表 4-8　3AD 系列三极管的放大倍数色标法

β	20～30	30～40	40～60	60～90	90～140
色标	棕	红	橙	黄	绿

（2）集电极最大电流 I_{CM}，指三极管集电极允许通过的最大电流。但应注意的是，当三极管电流 I_C 大于 I_{CM} 时，三极管不一定会烧坏，但 β 等参数将明显变化，会影响管子正常的工作。

（3）反向击穿电压 U_{CEO}，指三极管基极开路时，允许加在集电极和发射极之间的最高电压。通常情况下 c、e 间电压不能超过 U_{CEO}，否则会引起管子击穿或性能变差。

（4）集电极最大允许功耗 P_{CM}，指三极管参数变化不超过规定允许值时的最大集电极耗散功率。使用三极管时，实际功耗不允许超过 P_{CM}，通常还应留有余量，因为功耗过大往往是三极管烧坏的主要原因。

4．三极管的判别与选用

1）放大倍数与极性的识别方法

一般情况下可以根据命名规则从三极管管壳上的符号辨别出它的型号和类型，同时还可

以从管壳上色点的颜色来判断管子的放大倍数 β 值的大致范围，如表 4-9 所示。

表 4-9 色标表示 β 范围

色标	棕	红	橙	黄	绿	蓝	紫	灰	白	黑
β	0~15	12~25	25~40	40~55	55~80	80~120	12~180	180~270	270~400	400 以上

例如，色标为橙色，表明该管的 β 值在 25~40 之间。但有的厂家并非按此规定，使用时要注意。当从管壳上知道它们的类型和型号以及 β 值后，还应进一步判别它们的三个极。

对于小功率三极管来说，有金属外壳和塑料外壳封装两种。对于金属外壳封装的，如果管壳上带有定位销，那么，将管底朝上，从定位销起，按顺时针方向，三根电极依次为 e、b、c；如果管壳上无定位销，且三根电极在半圆内，我们将有三根电极的半圆置于上方，按顺时针方向，三极电极依次为 e、b、c，如图 4-9（a）所示。

对于塑料外壳封装的，我们面对平面，将三根电极置于下方，则从左到右，三根电极依次为 e、b、c，如图 4-9（b）所示。

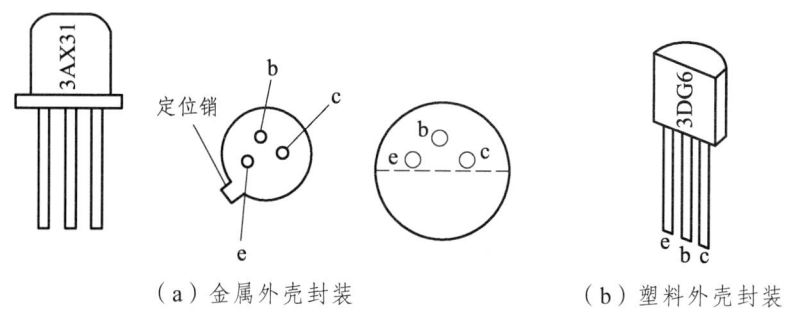

（a）金属外壳封装　　　　　（b）塑料外壳封装

图 4-9 小功率三极管电极的识别

对于大功率三极管，外形一般分为 F 形和 G 型两种，如图 4.10 所示。F 形管，从外形上只能看到两根电极。将管底面对自己，两根电极置于左侧，则上为 e、下为 b、底座为 c，如图 4-10（a）所示。G 形管有三个电极，将管底面对自己，三根电极中单独一根的置于左方，从最下电极起，顺时针方向，依次为 e、b、c，如图 4-10（b）所示。

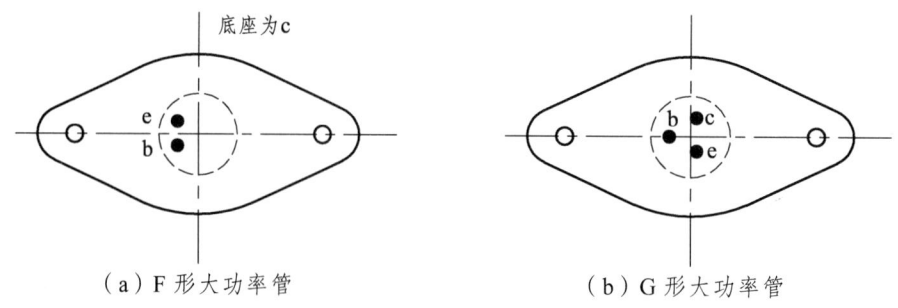

（a）F 形大功率管　　　　　（b）G 形大功率管

图 4-10 大功率管电极识别

三极管的管脚必须正确确认，否则接入电路中不但不能正常工作，还可能烧坏管子。

2）三极管的检测方法

（1）应用万用表判别三极管管脚。

先判别基极 b 和三极管的类型。将万用表欧姆挡置于 $R\times100$ 或 $R\times1k$ 挡，先假设三极管的某极为基极,并将黑表笔接在假设的基极上,再将红表笔先后接到其余两个电极上,如果两次测得的电阻值都很大(或都很小),而对换表笔后测得两个电阻值都很小(或都很大),则可以确定假设的基极是正确的。如果两次测得的电阻值是一大一小,则可以肯定假设的基极是错误的,这时就必须重新假设另一电极为基极,再重复上述的测试。

当基极确定以后,将黑表笔接基极,红表笔分别接其他两极。此时,若测得的电阻都很小,则该三极管为 NPN 型管;反之,则为 PNP 型管。

再判别集电极 c 和发射极 e。以 NPN 型管为例,把黑表笔接到假设的集电极 c 上,红表笔接到假设的 e 上,并且用手握住 b 和 c 极(b 和 C 极不能直接接触),通过人体,相当于在 b、c 之间接入偏置电阻。读出表所示 c、e 间的电阻值,然后将红、黑两表笔对换重测,若第一次电阻值比第二次小,说明原假设成立,即黑表笔接的是集电极 c,红表笔接的是发射极 e。因为 c、e 间电阻值小正说明通过万用表的电流大,偏值正常,如图 4-11 所示。

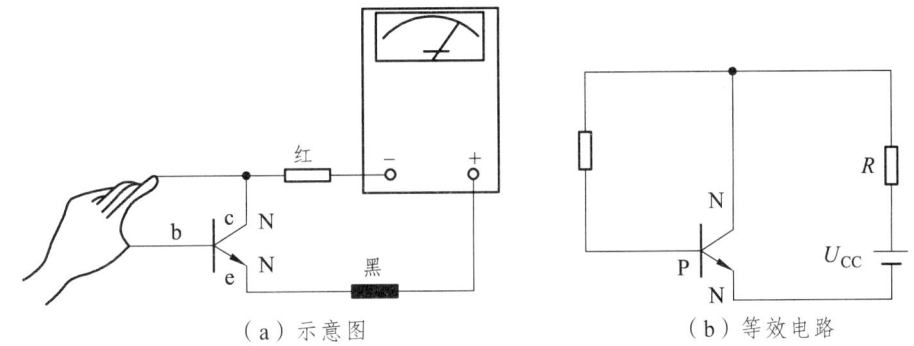

(a)示意图　　　　　　　　(b)等效电路

图 4-11　判别三极管 c、e 电极的原理图

(2)三极管性能简单测试。

① 检查穿透电流 I_{CEO} 的大小。以 NPN 型为例,将基极 b 开路,测量 c、e 极间的电阻。万用表红笔接发射极,黑笔接集电极,若阻值较高(几十千欧以上),则说明穿透电流较小,管子能正常工作。若 c、e 极间电阻小,则穿透电流大,受温度影响大,工作不稳定。若测得阻值接近 0,表明管子已被击穿;若阻值为无穷大,则说明管子内部已断路。

② 检查直流放大系数 β 的大小。

在集电极 c 与基极 b 之间接入 100 kΩ 的电阻 R_b,测量 R_b 接入前后发射极和集电极之间的电阻。万用表红表笔接发射极、黑表笔接集电极,电阻值相差越大,则说明 β 越高。

一般数字万用表具备测 β 值的功能,将晶体管插入测试孔中,即可从表头刻度盘上直接读出 β 值。若依此法来判别发射极和集电极也很容易,只要将 e、c 脚对调一下,看表针偏转较大的那一次插脚正确,从数字万用表插孔旁标记即可辨别出发射极和集电极。

3)三极管的选用原则

(1)类型选择。按用途选择三极管的类型。如按电路的工作频率,可分低频放大三极管和高频放大三极管,应选用相应的低频管或高频管;若要求管子工作在开关状态,应选用开关管。根据集电极电流和耗散功率的大小,可分别选用小功率管或大功率管,一般集电极电流在 0.5 A 以上、集电极耗散功率在 1 W 以上的,选用大功率三极管,否则,选用小功率三极管。习惯上也有把集电极电流 0.5~1 A 的称为中功率管,而 0.1 A 以下的称小功率管。还有按电路要求,选用 NPN 型或 PNP 型管等。

（2）参数选择。对放大管，通常必须考虑四个参数 β、$U_{(BR)CEO}$、I_{CM} 和 P_{CM}。一般希望 β 值偏大，但并不是越大越好，需根据电路要求选择 β 值，β 值太高，易引起自激振荡，工作稳定性差，受温度影响也大。通常选 β 在 40～100 之间。$U_{(BR)CEO}$、I_{CM} 和 P_{CM} 是三极管的极限参数，电路的估算值不得超过这些极限参数。

4.7 集成电路

集成电路是一种采用特殊工艺，将晶体管、电阻、电容等元件集成在硅片上而形成的具有特定功能的器件，英文 Integrated Circuit，缩写 IC，俗称芯片。集成电路能执行一些特定的功能，如放大信号或存储信息。集成电路体积小、功耗低、稳定性好。

1. 集成电路分类

集成电路按功能可分为模拟集成电路和数字集成电路。模拟集成电路主要有运算放大器、功率放大器、集成稳压电路、自动控制集成电路和信号处理集成电路等；数字集成电路按结构不同可分为双极型和单极型电路。双极型电路有 DTL、TTL、ECL、HTL 等；单极型有 JFET、NMOS、PMOS、CMOS 四种。

2. 集成电路的封装

集成电路的封装形式有晶体管式封装、扁平封装和直插式封装等。

3. 集成电路的引脚排列

集成电路的引脚排列次序有一定的规律，一般是从外壳顶部向下看，从左下脚按逆时针方向读数，其中第一脚附近一般有参考标志，如凹槽、色点等。

集成电路的引脚识别：集成电路的封装形式多种多样，因此引脚的排列也各不相同，但无论是模拟集成电路还是数字集成电路，不同的封装都有各自的排列规律，并且这些引脚排列以及引脚功能说明均能在相应的器件说明文件中查到，因此这里只讲述实验中最常用到的双列直插式封装的引脚排列，其实物图如图 4-12 所示。

图 4-12 双列直插式集成电路

双列直插式集成电路的引脚排列示意图如图 4-13 所示，其定位标志一般为缺口、凹坑、色点、小孔或凸起键等。识别时面对集成电路印有商标的正面，并使其定位标志位于左侧，则集成电路左下方为第 1 脚，从第 1 脚向右逆时针依次为 2、3、4……脚。

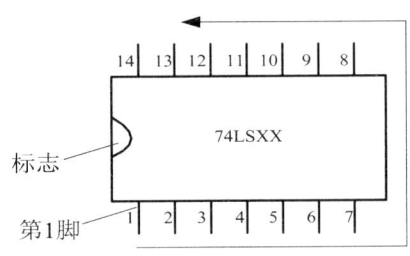

图 4-13　双列直插式引脚示意图

4．集成电路的检测

集成电路常用的检测方法有在线测量法、非在线测量法和代换法。

（1）非在线测量：非在线测量是在集成电路未焊入电路时，通过测量其各引脚之间的直流电阻值，与已知正常同型号集成电路各引脚之间的直流电阻值进行对比，以确定其是否正常。

（2）在线测量：在线测量法是利用电压测量法、电阻测量法及电流测量法等，通过在电路上测量集成电路的各引脚电压值、电阻值和电流值是否正常，来判断该集成电路是否损坏。

（3）代换法：代换法是用已知完好的同型号、同规格集成电路来代换被测集成电路，从而判断该集成电路是否损坏。

第 5 章　电工基础实验

实验 1　元件伏安特性的测试

一、实验目的

（1）学会识别常用电路元件的方法。
（2）掌握线性电阻、非线性电阻元件伏安特性的逐点测试法。
（3）掌握实验台上直流电工仪表和设备的使用方法。

二、原理说明

任何一个二端元件的特性，都可以用该元件上的端电压 U 与通过该元件的电流 I 之间的函数关系 $I=f(U)$ 来表示，即用 I-U 平面上的一条曲线来表征，这条曲线称为该元件的伏安特性曲线。

（1）线性电阻器的伏安特性曲线是一条通过坐标原点的直线，如图 5-1-1 中 a 所示，该直线的斜率等于该电阻器的电阻值。

（2）一般的白炽灯在工作时灯丝处于高温状态，其灯丝电阻随着温度的升高而增大，通过白炽灯的电流越大，其温度越高，阻值也越大，一般灯泡的"冷电阻"与"热电阻"的阻值可相差几倍至十几倍，所以它的伏安特性如图 5-1-1 中 b 曲线所示。

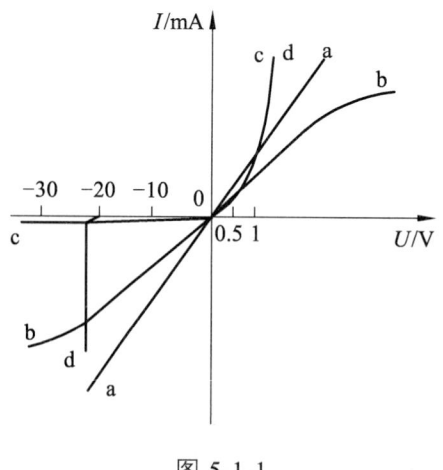

图 5-1-1

（3）一般的半导体二极管是一个非线性电阻元件，其特性如图 5-1-1 中 c 曲线所示。正向压降很小（一般的锗管为 0.2~0.3 V，硅管为 0.5~0.7 V），正向电流随正向压降的升高而急骤上升,而反向电压从零一直增加到十多伏至几十伏时,其反向电流增加很小,粗略地可视为零。可见,二极管具有单向导电性,但如果反向电压加得过高,超过管子的极限值,则会导致管子击穿损坏。

(4)稳压二极管是一种特殊的半导体二极管,其正向特性与普通二极管类似,但其反向特性较特别,如图5-1-1中 d 曲线所示。反向电压开始增加时,其反向电流几乎为零;但当电压增加到某一数值时(称为管子的稳压值,有各种不同稳压值的稳压管),电流将突然增加,以后它的端电压将维持恒定,不再随外加的反向电压升高而增大。

三、实验设备(见表5-1-1)

表5-1-1 实验设备

序号	名　　称	型号与规格	数量	备　注
1	可调直流稳压电源	0～30 V	1	SL-168
2	直流数字毫安表	0～200 mA	1	SL-168
3	直流数字电压表	0～300 V	1	SL-168
4	二极管	2CP15	1	插件
5	稳压管	2CW51	1	插件
6	白炽灯	12 V	1	插件
7	线性电阻器	1 kΩ	1	插件

四、实验内容

1．测定线性电阻器的伏安特性

按图5-1-2接线,调节稳压电源的输出电压 U,从 0 V 开始缓慢地增加,一直增加到 10 V,将相应的电压表和电流表的读数记入表5-1-2中。

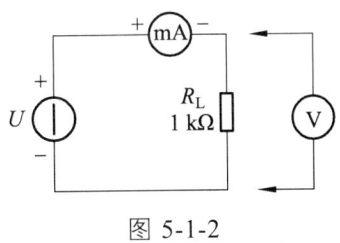

图 5-1-2

表 5-1-2　线性电阻器伏安特性测试数据

U/V	0	2	4	6	8	10
I/mA						

2．测定非线性白炽灯泡的伏安特性

将图5-1-2中的 R_L 换成一只 12 V 的汽车灯泡,重复实验内容1的步骤,将相应电压表和电流表的读数记入表5-1-3中。

表 5-1-3 非线性白炽灯泡伏安特性测试数据

U/V	0	2	4	6	8	10
I/mA						

3. 测定半导体二极管的伏安特性

按图 5-1-3 接线，R 为限流电阻器，测二极管的正向特性时，其正向电流不得超过 25 mA，二极管 D 的正向压降可在 0～0.75 V 之间取值，特别是在 0.5～0.75 V 之间更应多取几个测量点。作反向特性实验时，只需将图 5-1-3 中的二极管 D 反接，且其反向电压可加到 30 V。将相应数据记入表 5-1-4 及表 5-1-5 中。

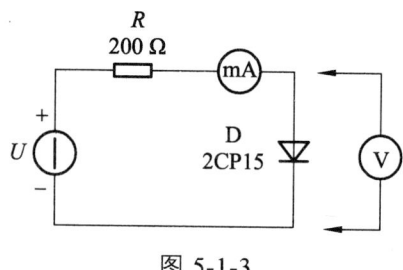

图 5-1-3

表 5-1-4 二极管正向特性实验数据

U/V	0	0.2	0.4	0.5	0.55	……0.75
I/mA						

表 5-1-5 二极管反向特性实验数据

U/V	0	-5	-10	-15	-20	-25	-30
I/mA							

4. 测定稳压二极管的伏安特性

将图 5-1-3 中的二极管换成稳压二极管，重复实验内容 3 的测量。将相应数据记入表 5-1-6 及表 5-1-7 中。

表 5-1-6 稳压二极管正向特性实验数据

U/V	0	2	4	6	8	10
I/mA						

表 5-1-7 稳压二极管反向特性实验数据

U/V	0	2	4	6	8	10
I/mA						

五、实验注意事项

（1）测二极管正向特性时，稳压电源输出应由小至大逐渐增加，应时刻注意电流表读数不得超过 25 mA，稳压源输出端切勿碰线短路。

（2）进行不同实验时，应先估算电压和电流值，合理选择仪表的量程，勿使仪表超量程，仪表的极性亦不可接错。

六、思考题

（1）线性电阻与非线性电阻的概念是什么？电阻器与二极管的伏安特性有何区别？

（2）设某器件伏安特性曲线的函数式为 $I=f(U)$，试问在逐点绘制曲线时，其坐标变量应如何放置？

（3）稳压二极管与普通二极管有何区别，其用途如何？

七、实验报告

（1）根据各实验结果数据，分别在方格纸上绘制出平滑的伏安特性曲线。其中二极管和稳压管的正、反向特性均要求画在同一张图中，正、反向电压可取为不同的比例尺。

（2）根据实验结果，总结、归纳各被测元件的特性。

（3）必要的误差分析。

（4）总结实验的心得体会及其他。

实验 2　　基尔霍夫定律的验证

一、实验目的

（1）验证基尔霍夫定律的正确性，加深对基尔霍夫定律的理解。
（2）学会用电流插头、插座测量各支路电流的方法。

二、原理说明

基尔霍夫定律是电路理论中最基本也是最重要的定律之一，它概括了电路中电流和电压分别遵循的基本规律，包括基尔霍夫电流定律（KCL）和基尔霍夫电压定律（KVL）。

基尔霍夫节点电流定律：电路中任意时刻流进（或流出）任一节点的电流的代数和等于零。其数学表达式为

$$\sum I = 0$$

此定律阐述了电路任一节点上各支路电流间的约束关系，这种关系与各支路上元件的性质无关，不论元件是线性的或是非线性的，含源的或是无源的，时变的或时不变的。

基尔霍夫回路电压定律：电路中任意时刻，沿任一闭合回路，电压的代数和为零。其数学表达式为

$$\sum U = 0$$

此定律阐明了任一闭合回路中各电压间的约束关系。这种关系仅与电路的结构有关，而与构成回路的各元件的性质无关，不论这些元件是线性的或非线性的，含源的或无源的，时变的或时不变的。

参考方向：KCL 和 KVL 表达式中的电流和电压都是代数量。它们除具有大小之外，还有方向，其方向是以其量值的正、负表示的。为研究问题方便，人们通常在电路中假定一个方向为参考，称为参考方向。当电路中的电流（或电压）的实际方向与参考方向相同时取正值，实际方向与参考方向相反时取负值。

例如，测量某节点各支路电流时，可以设流入该节点的电流方向为参考方向（反之亦可）。将电流表负极接到该节点上，而将电流表的正极分别串入各条支路，当电流表指针正向偏转时，说明该支路电流是流入节点的，与参考方向相同，取其值为正。若指针反向偏转，说明该支路电流是流出节点的，与参考方向相反，倒换电流表极性，再测量，取其值为负。

测量某闭合电路各电压时，也应假定某一绕行方向为参考方向，按绕行方向测量各电压时，若电压表指针正向偏转，则该电压取正值，反之取负值。

三、实验设备（见表 5-2-1）

表 5-2-1 实验设备

序号	名 称	型号与规格	数量	备 注
1	直流稳压电源 A	0～30 V 可调	1	SL-168
2	直流稳压电源 B	0～30 V 可调	1	SL-168
3	万用表		1	
4	直流数字电压表	0～300 V	1	SL-168
5	直流数字毫安表	0～200 mA	1	SL-168
6	电工实验模块一	迭加原理实验电路板	1	DG01

四、实验内容

1．验证基尔霍夫电流定律

本实验在直流电路单元板上进行，实验电路如图 5-2-1 所示。图中 X_1、X_2、X_3、X_4、X_5、X_6 为节点 A 的三条支路电流测量接口。

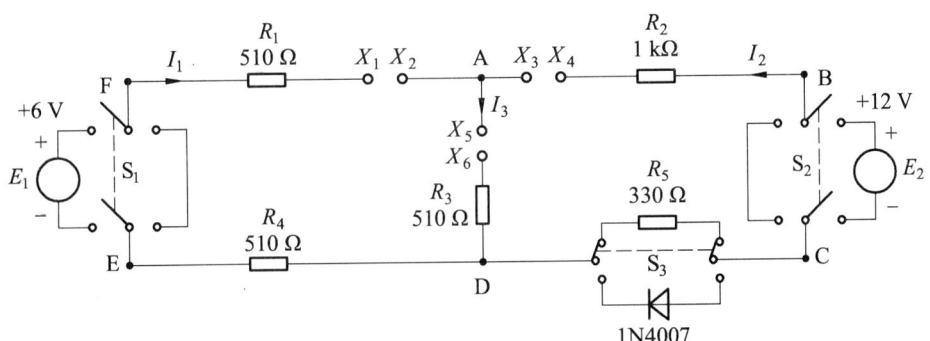

图 5-2-1 基尔霍夫定律验证试验电路

实验步骤如下：

（1）按图 5-2-1 所示接好电路。

（2）实验前先任意设定三条支路的电流参考方向，如图中的 I_1、I_2、I_3 所示，并熟悉线路结构，掌握各开关的操作使用方法。

（3）分别将两路直流稳压源接入电路，令 $E_1 = 6$ V，$E_2 = 12$ V。

（4）熟悉电流插头的结构，将电流插头的两端接至数字毫安表的"+""-"两端。

（5）测量某支路电流时，将电流表的两支表笔接在该支路接口上，并将另外两个接口用连接导线短接。验证基尔霍夫电流定律时，可假定流入该节点的电流为正（反之也可），并将表笔负极接在节点接口上，表笔正极接到支路接口上。若指针正向偏转，则取为正值；若反向偏转，则调换电流表笔正、负极，重新读数，其值取负。将测量的结果记入表 5-2-2 中。

表 5-2-2　基尔霍夫电流定律测试数据

待测量	计算值	测量值	误差
I_1/mA			
I_2/mA			
I_3/mA			
$\sum I =$			

2. 验证基尔霍夫回路电压定律

实验电路与图 5-2-1 相同,用导线将三个电流接口短接。取两个验证回路:回路 1 为 $ADEFA$,回路 2 为 $ABCDA$。用电压表依次测取 $ADEFA$ 回路中各支路电压 U_{AD}、U_{DE}、U_{EF} 和 U_{FA} 以及 $ABCDA$ 回路中各支路电压 U_{AB}、U_{BC}、U_{CD}、U_{DE}。将测量结果填入表 5-2-3 中。测量时可选顺时针方向为绕行方向,并注意电压表的指针偏转方向及取值的正与负。

表 5-2-3　基尔霍夫电压定律测试数据

回路 $ADEFA$				回路 $ABCDA$			
待测量	计算值	测量值	误差	待测量	计算值	测量值	误差
U_{AD}/V				U_{AB}/V			
U_{DE}/V				U_{BC}/V			
U_{EF}/V				U_{CD}/V			
U_{FA}/V				U_{DE}/V			
回路 $\sum U$/V				回路 $\sum U$/V			

五、实验注意事项

(1)所有需要测量的电压值,均以电压表测量的读数为准,不以电源表盘指示值为准。
(2)防止电源两端碰线短路。
(3)用指针式电流表进行测量时,要识别电流插头所接电流表的"+""-"极性。倘若不换接极性,则电表指针可能反偏(电流为负值时),此时必须调换电流表极性重新测量,此时指针正偏,但读得的电流值必须冠以负号。

六、预习思考题

(1)根据图 5-2-1 的电路参数,计算出待测的电流 I_1、I_2、I_3 和各电阻上的电压值,记入

表 5-2-4 中，以便实验测量时，可正确地选定毫安表和电压表的量程。

表 5-2-4 数据记录表

被测量	I_1/mA	I_2/mA	I_3/mA	E_1/V	E_2/V	U_{FA}/V	U_{AB}/V	U_{AD}/V	U_{CD}/V	U_{DE}/V
计算值										
测量值										
相对误差										

（2）实验中，若用万用表直流毫安档测各支路电流，什么情况下可能出现毫安表指针反偏？应如何处理？在记录数据时应注意什么？若用直流数字毫安表进行测量时，则会有什么显示呢？

七、实验报告

（1）根据实验数据，验证 KCL 的正确性。
（2）根据实验数据，验证 KVL 的正确性。
（3）误差原因分析。
（4）总结实验的心得体会及其他。

实验 3　　叠加原理的验证

一、实验目的

验证线性电路叠加原理的正确性，从而加深对线性电路的叠加性和齐次性的认识和理解。

二、原理说明

叠加原理指出：在有几个独立源共同作用下的线性电路中，通过每一个元件的电流或其两端的电压，可以看成是由每一个独立源单独作用时在该元件上所产生的电流或电压的代数和。

线性电路的齐次性是指当激励信号（某独立源的值）增加 K 倍或减小至原来的 $\frac{1}{K}$ 时，电路的响应（即在电路其他各电阻元件上所建立的电流和电压值）也将增加 K 倍或减小至原来的 $\frac{1}{K}$。

三、实验设备（见表 5-3-1）

表 5-3-1　实验设备

序号	名　　称	型号与规格	数　量	备　注
1	直流稳压电源 A	0～30 V 可调	1	SL-168
2	直流稳压电源 B	0～30 V 可调	1	SL-168
3	万用表		1	
4	直流数字电压表	0～300 V	1	SL-168
5	直流数字毫安表	0～200 mA	1	SL-168
6	电工实验模块一	叠加原理实验电路板	1	DG01

四、实验内容

实验线路如图 5-3-1 所示。

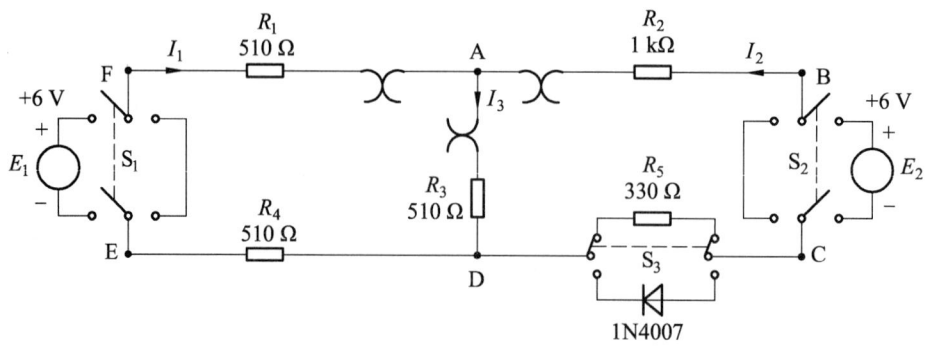

图 5-3-1　叠加原理的验证实验电路

（1）按图 5-3-1 所示连接电路。调节直流稳压电源，取 $E_1 = +12$ V，$E_2 = +6$ V。

（2）令 E_1 电源单独作用（将开关 S_1 投向 E_1 侧，开关 S_2 投向短路侧），用直流数字电压表和毫安表（接电流插头）测量各支路电流及各电阻元件两端的电压，将数据记入表 5-3-2 中。

（3）令 E_2 电源单独作用（将开关 S_1 投向短路侧，开关 S_2 投向 E_2 侧），重复实验步骤 2 的测量和记录。

（4）令 E_1 和 E_2 共同作用时（开关 S_1 和 S_2 分别投向 E_1 和 E_2 侧），重复上述的测量和记录。

（5）将 E_2 的数值调至 +12 V，重复上述第（3）项的测量并记录。

表 5-3-2 实验数据

测量项目 实验内容	E_1 /V	E_2 /V	I_1 /mA	I_2 /mA	I_3 /mA	U_{AB} /V	U_{CD} /V	U_{AD} /V	U_{DE} /V	U_{FA} /V
E_1 单独作用										
E_2 单独作用										
$E_1 E_2$ 共同作用										
$2E_2$ 单独作用										

（6）将 R_5 换成一只二极管 1N4007（即将开关 S_3 投向二极管 D 侧），重复（1）~（5）的测量过程，测量数据记入表 5-3-3 中。

表 5-3-3

测量项目 实验内容	E_1 /V	E_2 /V	I_1 /mA	I_2 /mA	I_3 /mA	U_{AB} /V	U_{CD} /V	U_{AD} /V	U_{DE} /V	U_{FA} /V
E_1 单独作用										
E_2 单独作用										
$E_1 E_2$ 共同作用										
$2E_2$ 单独作用										

五、实验注意事项

（1）用电流插头测量各支路电流时，应注意仪表的极性及数据表格中"+""−"号的记录。

（2）注意及时更换仪表量程。

六、预习思考题

（1）叠加原理中 E_1、E_2 分别单独作用，在实验中应如何操作？可否直接将不作用的电源（E_1 或 E_2）置零（短接）？

（2）实验电路中，若有一个电阻器改为二极管，试问叠加原理的叠加性与齐次性还成立吗？为什么？

七、实验报告

（1）根据实验数据表格，分析、比较、归纳、总结实验结论，即验证线性电路的叠加性与齐次性。

（2）各电阻器所消耗的功率能否用叠加原理计算得出？试用上述实验数据，进行计算并作结论。

（3）通过实验步骤（6）及分析数据表格 5-3-3，你能得出什么样的结论？

（4）总结实验的心得体会及其他。

实验 4 有源二端网络等效参数的测定

一、实验目的

（1）验证戴维南定理的正确性，加深对该定理的理解。
（2）掌握测量有源二端网络等效参数的一般方法。

二、原理说明

任何一个线性含源网络，如果仅研究其中一条支路的电压和电流，则可将电路的其余部分看作是一个有源二端网络（或称为含源一端口网络）。

戴维南定理指出：任何一个线性有源网络，总可以用一个等效电压源来代替，此电压源的电动势 E_S 等于这个有源二端网络的开路电压 U_{OC}，其等效内阻 R_0 等于该网络中所有独立源均置零（理想电压源视为短接，理想电流源视为开路）时的等效电阻。

E_S 和 R_0 称为有源二端网络的等效参数。

有源二端网络等效参数的测量方法如下。

1. 开路电压、短路电流法

在有源二端网络输出端开路时，用电压表直接测其输出端的开路电压 U_{OC}，然后再将其输出端短路，用电流表测其短路电流 I_{SC}，则内阻为

$$R_0 = \frac{U_{OC}}{I_{SC}}$$

2. 伏安法

用电压表、电流表测出有源二端网络的外特性如图 5-4-1 所示。根据外特性曲线求出斜率 $\tan\phi$，则内阻

$$R_0 = \tan\phi = \frac{\Delta U}{\Delta I} = \frac{U_{OC}}{I_{SC}}$$

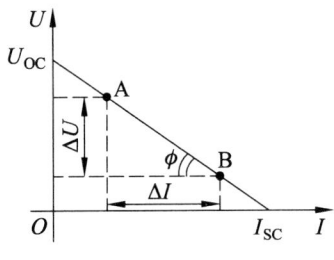

图 5-4-1

用伏安法，主要是测量开路电压及电流为额定值 I_N 时的输出端电压值 U_N，则内阻为

$$R_0 = \frac{U_{OC} - U_N}{I_N}$$

若二端网络的内阻值很低,则不宜测其短路电流。

3. 半电压法

如图 5-4-2 所示,当负载电压为被测网络开路电压的一半时,负载电阻(由电阻箱的读数确定)即为被测有源二端网络的等效内阻值。

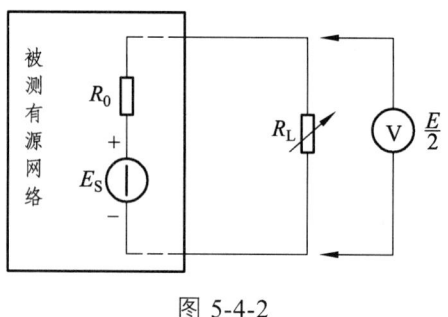

图 5-4-2

4. 零示法

在测量具有高内阻有源二端网络的开路电压时,用电压表进行直接测量会造成较大的误差,为了消除电压表内阻的影响,往往采用零示测量法,如图 5-4-3 所示。

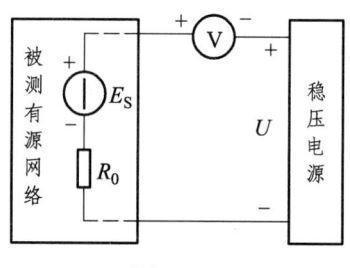

图 5-4-3

零示法测量原理是用一低内阻的稳压电源与被测有源二端网络进行比较,当稳压电源的输出电压与有源二端网络的开路电压相等时,电压表的读数将为"0",然后将电路断开,测量此时稳压电源的输出电压,即为被测有源二端网络的开路电压。

三、实验设备(见表 5-4-1)

表 5-4-1　实验设备

序号	名　称	型号与规格	数量	备　注
1	可调直流稳压电源	0~30 V	1	SL-168
2	可调直流恒流源	0~500 mA	1	SL-168
3	直流数字电压表	0~300 V	1	SL-168
4	直流数字毫安表	0~200 mA	1	SL-168

续表

序号	名　称	型号与规格	数量	备　注
5	万用表		1	
6	可调电阻箱	0~99999.9 Ω	1	
7	电位器	470 Ω	1	插件
8	电工实验模块一	戴维南定理实验电路	1	DG01

四、实验内容

被测有源二端网络如图 5-4-4（a）所示。

（1）用开路电压、短路电流法测定戴维南等效电路的 U_{OC} 和 R_0。按图 5-4-4（a）所示线路接入稳压电源 E_S 和恒流源 I_S 及可变电阻箱 R_L，测定 U_{OC} 和 R_0。测量数据记入表 5-4-2 中。

表 5-4-2　用开路电压短路电流法测定戴维南等效电路参数

U_{OC}/V	I_{SC}/mA	$R_0=U_{OC}/I_{SC}/\Omega$

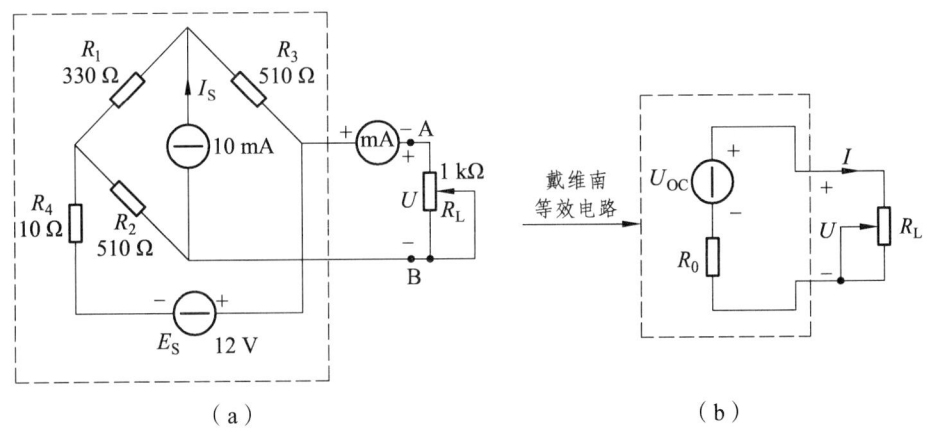

图 5-4-4

（2）负载实验：按图 5-4-4（a）所示改变 R_L 的阻值，测量有源二端网络的外特性，测量数据记入表 5-4-3 中。

表 5-4-3　负载实验数据

R_L/Ω	0							∞
U/V								
I/mA								

（3）验证戴维南定理：用一只 470 Ω 的电位器（当可变电阻器用），将其阻值调整到等于按步骤（1）所得的等效电阻 R_0 之值，然后令其与直流稳压电源[调到步骤（1）时所测得的开

路电压 U_{OC} 之值]相串联，如图 5-4-4（b）所示，仿照步骤（2）测其外特性，对戴维南定理进行验证，数据记入表 5-4-5 中。

表 5-4-5

R_L/Ω	0								∞
U/V									
I/mA									

（4）测定有源二端网络等效电阻（又称入端电阻）的其他方法：将被测有源网络内的所有独立源置零（将电流源 I_S 去掉，也去掉电压源，并在原电压源所接的两点用一根短路导线相连），然后用伏安法或者直接用万用表的欧姆档去测定负载 R_L 开路后 A、B 两点间的电阻，此即被测网络的等效内阻 R_0 或称网络的入端电阻 R_i。

（5）用半电压法和零示法测量被测网络的等效内阻 R_0 及其开路电压 U_{OC}，自行设计实验线路并自拟数据记录表格。

五、实验注意事项

（1）注意测量时电流表量程的更换。

（2）步骤（4）中，电源置零时不可将稳压源短接。

（3）用万用表直接测 R_0 时，网络内的独立源必须先置零，以免损坏万用表；其次，欧姆档必须经调零后再进行测量。

（4）改接线路时，要关掉电源。

六、预习思考题

（1）在求戴维南等效电路时，做短路试验，测 I_{SC} 的条件是什么？在本实验中可否直接做负载短路实验？实验前请对线路 5-4-4（a）预先做好计算，以便调整实验线路及测量时可准确地选取电表的量程。

（2）说明测有源二端网络开路电压及等效内阻的几种方法，并比较其优缺点。

七、实验报告

（1）根据步骤（2）和（3），分别绘出曲线，验证戴维南定理的正确性，并分析产生误差的原因。

（2）将根据步骤（1）、（4）、（5）各种方法测得的 U_{OC} 及 R_0 与预习时电路计算的结果作比较，你能得出什么结论？

（3）归纳、总结实验结果。

（4）总结实验的心得体会及其他。

实验 5　　电压源与电流源的等效变换

一、实验目的

（1）掌握电源外特性的测试方法。
（2）验证电压源与电流源等效变换的条件。

二、原理说明

（1）一个直流稳压电源在一定的电流范围内，具有很小的内阻，故在实用中，常将它视为一个理想的电压源，即其输出电压不随负载电流而变，其外特性即其伏安特性 $V=F(I)$ 是一条平行于 I 轴的直线。

一个恒流源在实用中，在一定的电压范围内，可视为一个理想的电流源。

（2）一个实际的电压源（或电流源），因它具有一定的内阻值，故其端电压（或输出电流）不可能不随负载而变。故在实验中，用一个小阻值的电阻（或大电阻）与稳压源（或恒流源）相串联（或并联）来模拟一个电压源（或电流源）的情况。

（3）一个实际的电源，就其外部特性而言，既可以看成是一个电压源，又可以看成是一个电流源。若视为电压源，则可用一个理想的电压源 E_S 与一个电阻 R_0 相串联的组合来表示；若视为电流源，则可用一个理想电流源 I_S 与一电导 G_0 相并联来表示，若它们向同样大小的负载供出同样大小的电流和端电压，则称这两个电源是等效的，即具有相同的外特性。

一个电压源与一个电流源等效变换的条件为

$$I_S = E_S/R_0, \quad G_0 = \frac{1}{R_0} \quad 或 \quad E_S = E_S/G_0, \quad R_0 = \frac{1}{G_0}$$

如图 5-5-1 所示。

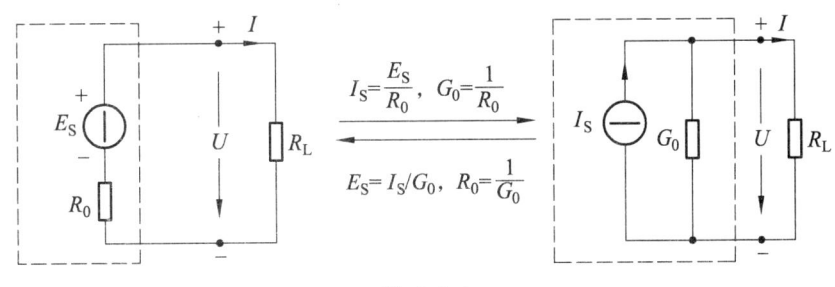

图 5-5-1

三、实验设备（见表 5-5-1）

表 5-5-1　实验设备

序号	名　称	型号与规格	数量	备注
1	可调直流稳压电源	0~30 V	1	SL-168
2	可调直流恒流源	0~500 mA	1	SL-168

续表

序号	名　　称	型号与规格	数　量	备　注
3	直流数字电压表	0～300 V	1	SL-168
4	直流数字毫安表	0～200 mA	1	SL-168
5	万用表		1	
6	电阻器	51 Ω、200 Ω、1 kΩ		插件
7	可调电阻器	470 Ω	1	插件

四、实验内容

1. 测定直流稳压电源与电压源的外特性

（1）按图 5-5-2 所示接线，E_S 为 +6 V 直流稳压电源，调节 R_2，令其阻值由大至小变化，将两表的读数记入表 5-5-2 中。

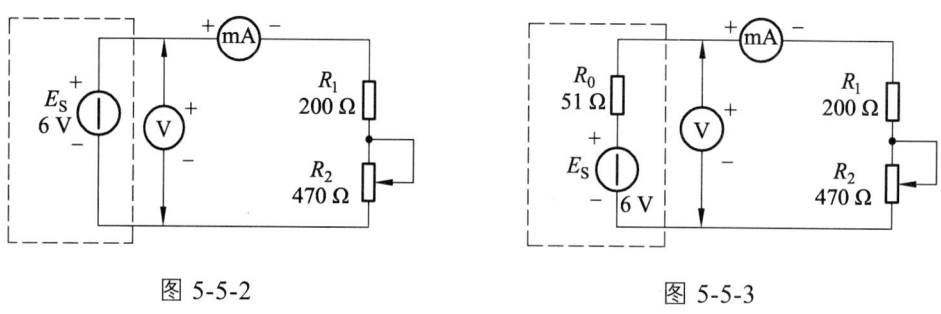

图 5-5-2　　　　　　　　图 5-5-3

表 5-5-2

U/V							
I/mA							

（2）按图 5-5-3 接线，虚线框可模拟为一个实际的电压源，调节电位器 R_2，令其阻值由大至小变化，将两表的读数记入表 5-5-3 中。

表 5-5-3

U/V							
I/mA							

2. 测定电流源的外特性

按图 5-5-4 所示接线，I_S 为直流恒流源，调节其输出为 5 mA，令 R_0 分别为 1 kΩ 和 ∞，调节电位器 R_L（从 0 至 470 Ω），测出这两种情况下的电压表和电流表的读数。自拟数据表格，记录实验数据。

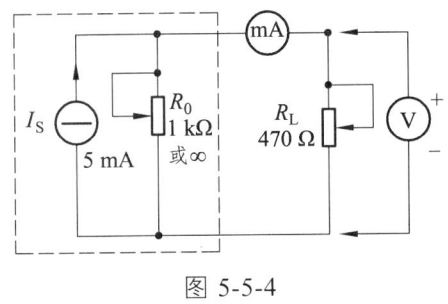

图 5-5-4

3. 测定电源等效变换的条件

按图 5-5-5 所示线路接线,首先读取图 5-5-5(a)所示电路中两表的读数,然后调节图 5-5-5(b)所示电路中恒流源 I_S(取 $R_S' = R_S$),令两表的读数与图 5-5-5(a)中两表的数值相等,记录 I_S 之值,验证等效变换条件的正确性。

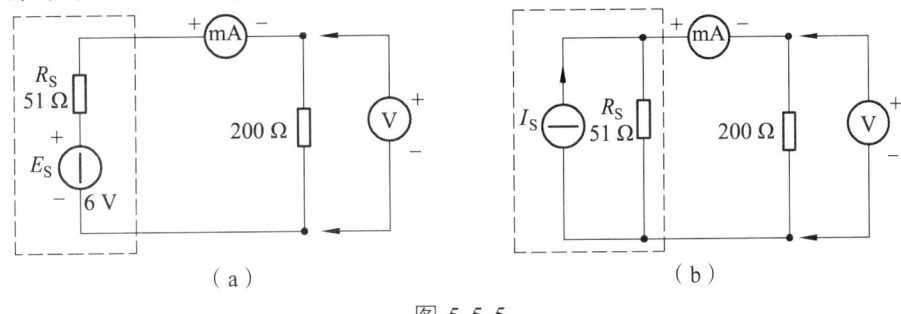

图 5-5-5

五、实验注意事项

(1)实验时,应先将恒流源输出调至最小,然后缓慢调节至实验所需电流,不能超过 150 mA,否则会烧坏 51 Ω 电阻器。

(2)测电压源外特性时,不要忘记测空载时的电压值;测电流源外特性时,不要忘记测短路时的电流值;注意恒流源负载电压不可超过 20 V,负载更不可开路。

(3)换接线路时,必须关闭电源开关。

(4)接入直流仪表时应注意极性与量程。

六、预习思考题

(1)直流稳压电源的输出端为什么不允许短路?直流恒流源的输出端为什么不允许开路?

(2)电压源与电流源的外特性为什么呈下降变化趋势,稳压源和恒流源的输出在任何负载下是否保持恒值?

七、实验报告

(1)根据实验数据绘出电源的四条外特性,并总结、归纳各类电源的特性。

(2)从实验结果验证电源等效变换的条件。

(3)总结实验的心得体会及其他。

实验6　一阶电路的响应测试

一、实验目的

（1）测定 RC 一阶电路的零输入响应、零状态响应及完全响应。
（2）学习电路时间常数的测量方法。
（3）掌握有关微分电路和积分电路的概念。
（4）进一步学会用示波器测绘图形。

二、原理说明

（1）动态网络的过渡过程是十分短暂的单次变化过程，对时间常数 τ 较大的电路，可用慢扫描长余晖示波器观察光点移动的轨迹。然而要用一般的双踪示波器观察过渡过程和测量有关的参数，必须使这种单次变化的过程重复出现。为此，我们利用信号发生器输出的方波来模拟阶跃激励信号，即令方波输出的上升沿作为零状态响应的正阶跃激励信号；方波下降沿作为输入响应的负阶跃激励信号，只要选择方波的重复周期远大于电路的时间常数 τ。电路在这样的方波序列脉冲信号的激励下，它的影响和直流接通与断开的过渡过程是基本相同的。

（2）RC 一阶电路的零输入响应和零状态响应分别按指数规律衰减和增长，其变化的快慢决定于电路的时间常数 τ。

（3）时间常数 τ 的测定方法：

用示波器测得零输入响应的波形如图 5-6-1（a）所示。

根据一阶微分方程的求解得知

$$u_C = E e^{-t/RC} = E e^{-t/\tau}$$

当 $t = \tau$ 时，$u_C^{(\tau)} = 0.368E$，此时所对应的时间就等于 τ。

亦可用零状态响应波形增长到 $0.632E$ 所对应的时间测得电路的时间常数 τ，如图 5-6-1（c）所示。

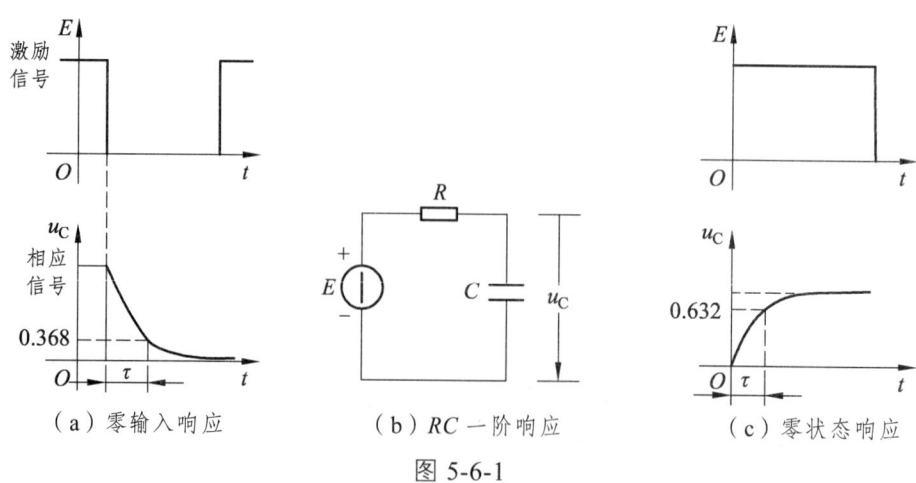

（a）零输入响应　　　（b）RC 一阶响应　　　（c）零状态响应

图 5-6-1

（4）微分电路和积分电路是 RC 一阶电路中较典型的电路，它对电路元件参数和输入信号的周期有着特定的要求。

一个简单的 RC 串联电路，在方波序列脉冲的重复激励下，当满足 $\tau=RC\ll T/2$（T 为方波脉冲的重复周期）且由 R 端作为响应输出时，就构成了一个微分电路，因为此时电路的输出信号电压与输入信号电压的微分成正比，如图 5-6-2（a）所示。

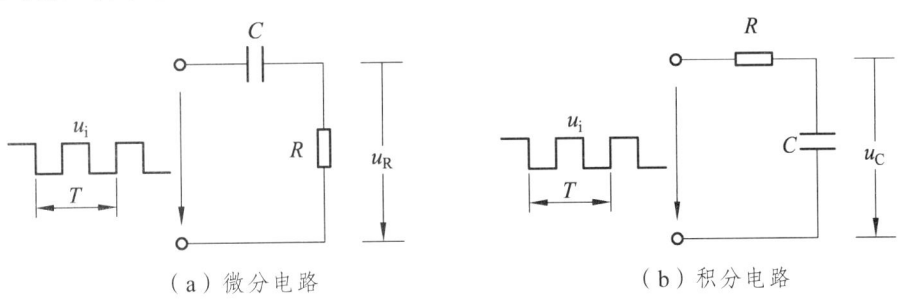

（a）微分电路　　　　　　　　　（b）积分电路

图 5-6-2

若将图 5-6-2（a）中的 R 与 C 位置调换一下，即由 C 端作为响应输出，且当电路参数的选择满足 $\tau=RC\gg T/2$ 条件时，即称为积分电路，因为此时电路的输出信号电压与输入信号电压的积分成正比，如图 5-6-2（b）所示。

从输出波形来看，上述两个电路均起着波形变换的作用，请在实验中仔细观察与记录。

三、实验设备（见表 5-6-1）

表 5-6-1　实验设备

序号	名　称	型号与规格	数　量	备注
1	函数信号发生器	0～1 MHz	1	SL-168
2	双踪示波器		1	
3	电阻器	100 Ω、2 KΩ、10 KΩ、30 KΩ、1 MΩ	1	插件
4	电容器	1000 PF、3300 PF、0.1 μF、0.01 μF	1	插件

四、实验内容

实验线路板的结构如图 5-6-3 所示，认清 R、C 元件的布局及其标称值以及各开关的通断位置。

（1）选择动态电路板上的 R、C 元件，令 $R=30\text{ k}\Omega$，$C=1000\text{ pF}$，组成如图 5-6-1（b）所示的 RC 充放电电路，E 为脉冲信号发生器，输出 $U_m=3\text{ V}$、$f=1\text{ kHz}$ 的方波电压信号，并通过两根同轴电缆线，将激励源 E 和响应 u_C 的信号分别连至示波器的两个输入口 Y_A 和 Y_B，这时可在示波器的屏幕上观察到激励与响应的变化规律，求测时间常数 τ，并用方格纸按 1:1 的比例描绘波形 。

少量地改变电容值或电阻值，定性地观察对响应的影响，记录观察到的现象。

（2）令 $R=10\text{ k}\Omega$，$C=0.1\text{ μF}$，观察并描绘响应的波形。继续增大 C 之值，定性地观察对

响应的影响。

（3）选择动态板上的 R、C 元件，组成如图 5-6-2（a）所示的微分电路，令 $C = 0.01\ \mu F$，$R = 100\ \Omega$。

在同样的方波激励信号（$U_m = 2\ V$，$f = 1\ kHz$）作用下，观测并描绘激励与响应的波形。

增减 R 之值，定性地观察对响应的影响并作记录。当 R 增至 $1\ M\Omega$ 时，输入输出波形有何本质上的区别？

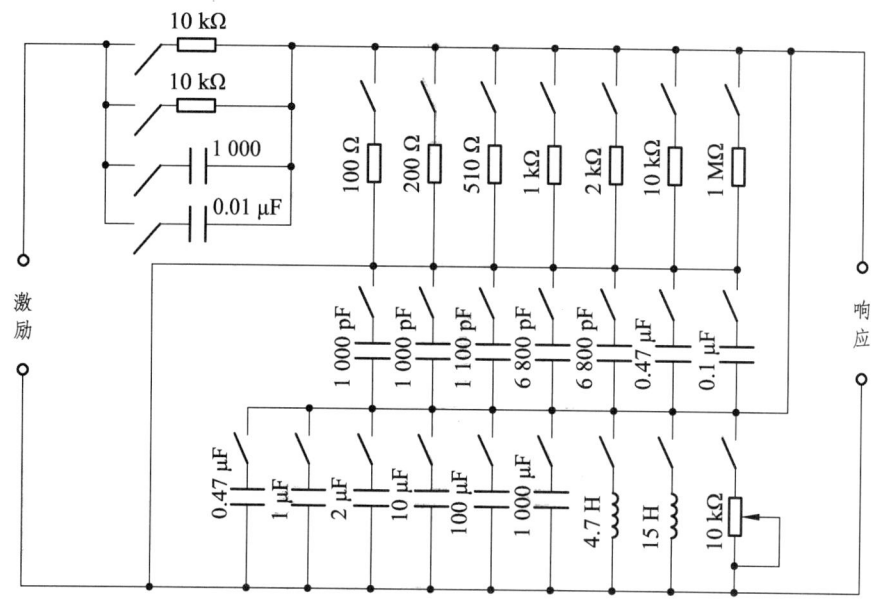

图 5-6-3　动态电路、选频电路实验板

五、实验注意事项

（1）调节电子仪器各旋钮时，动作不要过猛。实验前，需熟读双踪示波器的使用说明，特别是观察双踪时，要特别注意那些开关、旋钮的操作与调节。

（2）信号源的接地端与示波器的接地端要连在一起（称共地），以防外界干扰而影响测量的准确性。

（3）示波器的辉度不应过亮，尤其是光点长期停留在荧光屏上不动时，应将辉度调暗，以延长示波管的使用寿命。

六、预习思考题

（1）什么样的电信号可作为 RC 一阶电路零输入响应、零状态响应和完全响应的激励信号？

（2）已知 RC 一阶电路 $R = 10\ k\Omega$，$C = 0.1\ \mu F$，试计算时间常数 τ，并根据 τ 值的物理意义拟定测量 τ 的方案。

（3）何谓积分电路和微分电路，它们必须具备什么条件？它们在方波序列脉冲的激励下，其输出信号波形的变化规律如何？这两种电路有何功用？

（4）预习要求：熟读仪器使用说明回答上述问题，准备方格纸。

七、实验报告

（1）根据实验观测结果，在方格纸上绘出 RC 一阶电路充放电时 u_C 的变化曲线，由曲线测得 τ 值，并与参数值的计算结果作比较，分析误差原因。

（2）根据实验观测结果，归纳、总结积分电路和微分电路的形成条件，阐明波形变换的特征。

（3）总结实验的心得体会及其他。

实验 7 二阶动态电路响应的研究

一、实验目的

（1）学习用实验的方法来研究二阶动态电路的响应，了解电路元件参数对响应的影响。

（2）观察、分析二阶电路响应的三种状态轨迹及其特点，以加深对二阶电路响应的认识与理解。

二、原理说明

一个二阶电路在方波正、负阶跃信号的激励下，可获得零状态与零输入响应，其响应的变化轨迹决定了电路的固有频率，当调节电路的元件参数值，使电路的固有频率分别为负实数、共轭复数及虚数时，可获得单调地衰减、衰减振荡和等幅振荡的响应。在实验中可获得过阻尼、欠阻尼和临界阻尼这三种响应图形。

简单而典型的二阶电路是一个 RLC 串联电路和 GCL 并联电路，这二者之间存在着对偶关系。本实验仅对 GCL 并联电路进行研究。

三、实验设备（见表 5-7-1）

表 5-7-1 实验设备

序号	名　称	型号与规格	数　量	备　注
1	函数信号发生器		1	SL-168
2	双踪示波器		1	
3	电工实验模块一	二阶实验电路板	1	DG01

四、实验内容

动态电路实验板与实验 6 相同，如图 5-6-3 所示。利用动态电路板中的元件与开关的配合作用，组成如图 5-7-1 所示的 GCL 并联电路。

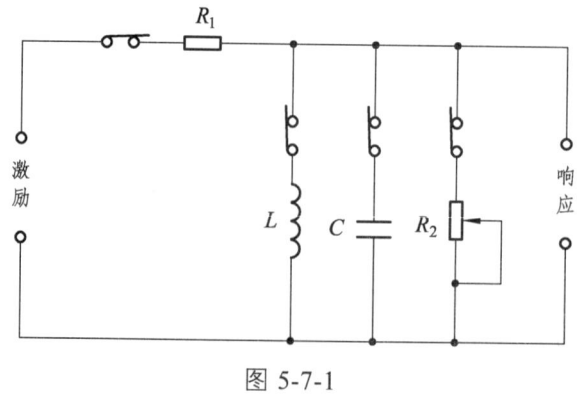

图 5-7-1

令 $R_1=10\ \text{k}\Omega$，$L = 4.7\ \text{mH}$，$C = 1000\ \text{pF}$，R_2 为 $10\ \text{k}\Omega$ 可调电阻，令脉冲信号发生器的输出为 $U_\text{m} = 1\ \text{V}$、$f = 1\ \text{kHz}$ 的方波脉冲，通过同轴电缆接至图 5-7-1 中的激励端，同时用同轴电缆将激励端和响应输出接至双踪示波器的 Y_A 和 Y_B 两个输入口。

（1）调节可变电阻器 R_2 之值，观察二阶电路的零输入响应和零状态响应由过阻尼过渡到临界阻尼、最后过渡到欠阻尼的过渡变化过程，分别定性地描绘、记录响应的典型变化波形。

（2）调节 R_2，使示波器荧光屏上呈现稳定的欠阻尼响应波形，定量测定此时电路的衰减常数 ∂ 和振荡频率 ω_d。

（3）改变一组电路参数，如增、减 L 或 C 之值，重复步骤（2）的测量，并将实验数据记入表 5-7-2 中。

随后仔细观察改变电路参数时 ω_d 与 ∂ 的变化趋势，并作记录。

表 5-7-2　二阶电路响应实验数据

电路参数 实验次数	文件参数				测量值	
	R_1	R_2	L	C	∂	ω_d
1	$10\ \text{k}\Omega$	调至某一欠阻尼态	$4.7\ \text{mH}$	$1000\ \text{pF}$		
2	$10\ \text{k}\Omega$		$4.7\ \text{mH}$	$0.01\ \mu\text{F}$		
3	$30\ \text{k}\Omega$		$4.7\ \text{mH}$	$0.01\ \mu\text{F}$		
4	$10\ \text{k}\Omega$		$10\ \text{mH}$	$0.01\ \mu\text{F}$		

五、实验注意事项

（1）调节 R_2 时，要细心、缓慢，临界阻尼要找准。

（2）观察双踪时，显示要稳定，如不同步，则可采用外同步法（看示波器说明）触发。

六、预习思考题

（1）根据二阶实验电路元件的参数，计算出处于临界阻尼状态的 R_2 之值。

（2）在示波器荧光屏上，如何测得二阶电路零输入响应欠阻尼状态的衰减常数 ∂ 和振荡频率 ω_d？

七、实验报告

（1）根据观测结果，在方格纸上描绘二阶电路过阻尼、临界阻尼和欠阻尼的响应波形。

（2）计算欠阻尼振荡曲线上的 ∂ 与 ω_d。

（3）归纳、总结电路元件参数的改变对响应变化趋势的影响。

（4）总结实验的心得体会及其他。

实验 8　　受控源的特性研究

一、实验目的

通过测试受控源的外特性及其转移参数，进一步理解受控源的物理概念，加深对受控源的认识和理解。

二、原理说明

（1）电源有独立电源（如电池、发电机等）与非独立电源（或称为受控源）之分。

受控源与独立源的不同点是：独立源的电势 E_s 或电流 I_s 是某一固定的数值或是某一时间的函数，它不随电路其余部分的状态而变；而受控源的电势或电流则随电路中另一支路的电压或电流而改变。

受控源又与无源元件不同，无源元件两端的电压和它自身的电流有一定的函数关系，而受控源的输出电压或电流则和另一支路（或元件）的电流或电压有某种函数关系。

（2）独立源与无源元件是二端器件。受控源则是四端器件，或称为双口元件，它有一对输入端（U_1、I_1）和一对输出端（U_2、I_2）。输入端用以控制输出端电压或电流的大小，施加于输入端的控制量可以是电压或电流，因而有两种受电压源（即电压控制电压源 VCVS 和电流控制电压源 CCVS）和两种受控电流源（即电压控制电流源 VCCS 和电流控制电流源 CCCS）。

（3）当受控源的电压（或电流）与控制支路的电压（或电流）成正比变化时，则该受控源是线性的。

理想受控源的控制支路中只有一个独立变量（电压或电流），另一个独立变量等于零，即从输入口看，理想受控源或者是短路（即输入电阻 $R_1 = 0$，因而 $U_1 = 0$）或者是开路（即输入电导 $G_1 = 0$，因而输入电流 $I_1 = 0$）；从输出口看，理想受控源或者是一个理想电压源或者是一个理想电流源。如图 5-8-1 所示。

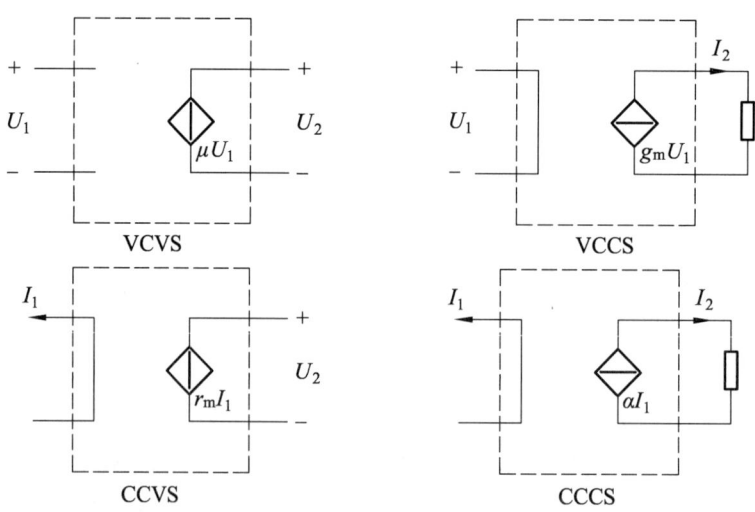

图 5-8-1

（4）受控源的控制端与受控端的关系式称为转移函数。

四种受控源的定义及其转移函数参量的定义如下：

（1）压控电压源（VCVS），$U_2 = F(U_1)$，$\mu = U_2/U_1$ 称为转移电压比（或电压增益）。
（2）压控电流源（VCCS），$I_2 = F(U_1)$，$g_m = I_2/U_1$ 称为转移电导。
（3）流控电压源（CCVS），$U_2 = F(I_1)$，$r_m = U_2/I_1$ 称为转移电阻。
（4）流控电流源（CCCS），$I_2 = F(I_1)$，$\partial = I_2/I_1$ 称为转移电流比（或电流增益）。

三、实验设备（见表 5-8-1）

表 5-8-1　实验设备

序号	名　　称	型号与规格	数　量	备　注
1	可调直流稳压电源	0～30 V	1	SL-168
2	可调恒流源	0～500 mA	1	SL-168
3	直流数字电压表	0～300 V	1	SL-168
4	直流数字毫安表	0～200 mA	1	SL-168
5	可变电阻箱	0～99999.9	1	
6	电工实验模块三	受控源实验电路	1	DG03

四、实验内容

给电工实验模块三通上供电电源：将实验台上 F 组的±12 V 电源接到电工实验模块的 +12 V、地、-12 V 上。注意电源极性不要插反。

1. 测量受控源 VCVS 的转移特性 $U_2 = F(U_1)$ 及负载特性 $U_2 = F(I_L)$

实验线路如图 5-8-2 所示。

（1）固定 $R_L = 2\ k\Omega$，调节稳压电源输出电压 U_1，测量 U_1 及相应的 U_2 值，并将测量数据记入表 5-8-2 中。

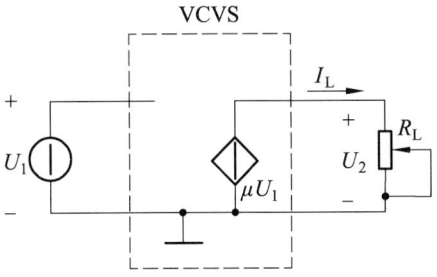

图 5-8-2　VCVS 实验电路

表 5-8-2　压控电压源转移特性实验数据

U_1/V	0	1	2	3	4	5	6	7	8
U_2/V									
μ									

在方格纸上绘出电压转移特性曲线 $U_2 = F(U_1)$，并在其线性部分求出转移电压比 μ。

（2）保持 $U_1 = 2\,\text{V}$，调节可变电阻箱 R_L 的阻值，测出 U_2 及 I_L，并将测量数据记入表 5-8-3 中。在方格纸上绘制负载特性曲线 $U_2 = F(I_L)$。

表 5-8-3　压控电压源负载特性实验数据

R_L/Ω	50	70	100	200	300	400	500	∞
U_2/V								
I_L/mA								

2. 测量受控源 VCCS 的转移特性 $I_L = F(U_1)$ 及负载特性 $I_L = F(U_2)$

实验线路如图 5-8-3 所示。

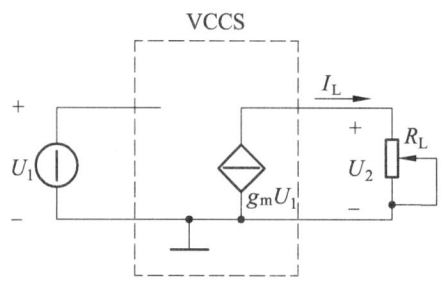

图 5-8-3　VCCS 实验电路

（1）固定 $R_L = 2\,\text{k}\Omega$，调节稳压电源的输出电压 U_1，测出相应的 I_L 值，绘制 $I_L = F(U_1)$ 曲线，并由其线性部分求出转移电导 g_m。

表 5-8-4　压控电流源转移特性实验数据

U_1/V	0	0.5	1.0	1.5	2	2.5	3	3.5
I_L/mA								
g_m/S								

（2）保持 $U_1 = 2\,\text{V}$，令 R_L 从大到小变化，测出相应的 I_L 及 U_2，并将测量数据记入表 5-8-5 中。根据表 5-8-5 中的数据绘制 $I_L = F(U_2)$ 曲线。

表 5-8-5　压控电流源负载特性实验数据

$R_L/\text{k}\Omega$	50	20	10	8	4	2	1
I_L/mA							
U_2/V							

3. 测量受控源 CCVS 的转移特性 $U_2 = F(I_1)$ 与负载特性 $U_2 = F(I_L)$

实验线路如图 5-8-4 所示。

（1）固定 $R_L = 2\,\text{k}\Omega$，调节恒流源的输出电流 I_s，使其在 0.05～0.7 mA 范围内取 8 个数，测出 U_2，将测量数据记入表 5-8-6 中。按表 5-8-6 中的数据绘制 $U_2 = F(I_1)$ 曲线，并由线性部分求出转移电阻 r_m。

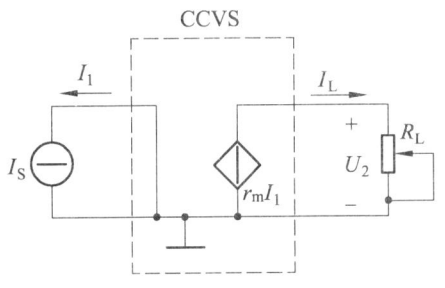

图 5-8-4 CCVS 实验电路

表 5-8-6 流控电流源转移特性实验数据

I_1/mA								
U_2/V								
r_m								

（2）保持 $I_S = 0.5$ mA，令 R_L 从 1 kΩ 增至 8 kΩ，测出 U_2 及 I_L，并将测量数据记入表 5-8-7 中。根据表 5-8-7 中的数据绘制负载特性曲线 $U_2 = F(I_L)$。

表 5-8-7 流控电流源负载特性实验数据

R_L/kΩ								
U_2/V								
I_L/mA								

4．测量受控源 CCCS 的转移特性 $I_L = F(I_1)$ 及负载特性 $I_L = F(U_2)$

实验线路如图 5-8-5 所示。

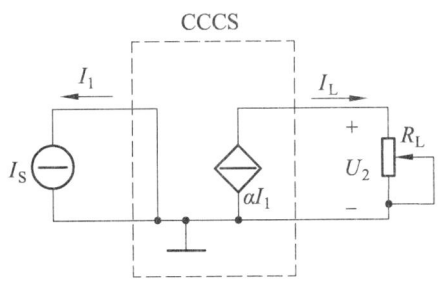

图 5-8-5 CCCS 实验电路

（1）固定 $R_L = 2$ kΩ，调节恒流源的输出电流 I_S，使其在 0.05～0.7 mA 范围内取 8 个数值，测出 I_L，将测量数据记入表 5-8-8 中。根据表 5-8-8 中的数据绘制 $I_L = F(I_1)$ 曲线，并由其线性部分求出转移电流比 ∂。

表 5-8-8 流控电流源转移特性实验数据

I_1/mA								
I_L/mA								
∂								

（2）保持 I_S=0.5 mA，令 R_L 从 0，100 Ω，200 Ω 增至 80 kΩ，测出 I_L，并记入表 5-8-9 中。按表 5-8-9 中的数据绘制 $I_L = F(U_2)$ 曲线。

表 5-8-9　流控电流源负载特性实验数据

R_L/kΩ								
I_L/mA								
U_2/V								

五、实验注意事项

（1）每次组装线路，必须事先断开供电电源，但不必关闭电源总开关。
（2）用恒流源供电的实验中，不要使恒流源的负载开路。

六、预习思考题

（1）受控源和独立源相比有何异同点？比较四种受控源的代号、电路模型、控制量与被控量的关系如何？
（2）四种受控源中的 r_m、g_m、∂ 和 μ 的意义是什么？如何测得？
（3）若受控源控制量的极性反向，试问其输出极性是否发生变化？
（4）受控源的控制特性是否适合于交流信号？
（5）如何由两个基本 CCVS 和 VCCS 获得其他两个 CCCS 和 VCVS，它们的输入输出如何连接？

七、实验报告

（1）根据实验数据，在方格纸上分别绘出四种受控源的转移特性曲线和负载特性曲线，并求出相应的转移参量。
（2）对预习思考题作必要的回答。
（3）对实验结果作出合理地分析和结论，总结对四种受控源的认识和理解。
（4）总结实验的心得体会及其他。

实验 9　　无源二端口网络的研究

一、实验目的

（1）加深理解双口网络的基本理论。
（2）掌握直流双口网络传输参数的测量技术。

二、原理说明

对于任何一个线性网络，我们所关心的往往只是输入端口和输出端口电压和电流间的相互关系，通过实验测定方法求取一个极其简单的等值双口电路来替代原网络，此即为"黑盒理论"的基本内容。

（1）一个双口网络两端口的电压和电流四个变量之间的关系，可以用多种形式的参数方程来表示。本实验采用输出口的电压 U_2 和电流 I_2 作为自变量，以输入口的电压 U_1 和电流 I_1 作为应变量，所得的方程称为双口网络的传输方程。如图 5-9-1 所示的无源线性双口网络（又称为四端网络）的传输方程为

图 5-9-1

$$U_1 = AU_2 + BI_2$$
$$I_1 = CU_2 + DI_2$$

式中的 A、B、C、D 为双口网络的传输参数，其值完全决定于网络的拓扑结构及各支路元件的参数值，这四个参数表征了该双口网络的基本特性。

它们的含义是

$$A = \frac{U_{1O}}{U_{2O}} \quad （令 I_2=0，即输出口开路时）$$

$$B = \frac{U_{1S}}{I_{2S}} \quad （令 U_2=0，即输出口短路时）$$

$$C = \frac{I_{1O}}{U_{2O}} \quad （令 I_2=0，即输出口开路时）$$

$$D = \frac{I_{1S}}{I_{2S}} \quad （令 U_2=0，即输出口短路时）$$

由上可知，只要在网络的输入口加上电压，在两个端口同时测量其电压和电流，即可求出 A、B、C、D 四个参数，此即为双端口同时测量法。

（2）若要测量一条远距离输电线构成的双口网络，采用同时测量法就很不方便，这时可采用分别测量法，即先在输入口加电压，而将输出口开路和短路，在输入口测量电压和电流，由传输方程可得：

$$R_{1O} = \frac{U_{1O}}{I_{1O}} = \frac{A}{C} \quad （令 I_2=0，即输出口开路时）$$

$$R_{1S} = \frac{U_{1S}}{I_{1S}} = \frac{B}{D} \quad （令 U_2=0，即输出口短路时）$$

然后在输出口加电压测量，而将输入口开路和短路，此时可得：

$$R_{2O} = \frac{U_{2O}}{I_{2O}} = \frac{D}{C} \quad （令 I_1=0，即输入口开路时）$$

$$R_{2S} = \frac{U_{2S}}{I_{2S}} = \frac{B}{A} \quad （令 U_1=0，即输入口短路时）$$

R_{1O}，R_{1S}，R_{2O}，R_{2S} 分别表示一个端口开路和短路时另一端口的等效输入电阻，这四个参数中有三个是独立的（$\because \frac{R_{1O}}{R_{2O}} = \frac{R_{1S}}{R_{2S}} = \frac{A}{D}$），即 $AD - BC = 1$。

至此，可求出四个传输参数：

$$A = \sqrt{R_{1O}/(R_{2O} - R_{2S})} \qquad B = R_{2S}A$$
$$C = A/R_{1O}, \qquad\qquad D = R_{2O}C$$

（3）双口网络级联后的等效双口网络的传输参数亦可采用前述的方法之一求得。从理论推得两双口网络级联后的传输参数与每一个参加级联的双口网络的传输参数之间有如下的关系：

$$A = A_1A_2 + B_1C_2 \qquad B = A_1B_2 + B_1D_2$$
$$C = C_1A_2 + D_1C_2 \qquad D = C_1B_2 + D_1D_2$$

三、实验设备（见表 5-9-1）

表 5-9-1 实验设备

序号	名　　称	型号与规格	数　量	备注
1	可调直流稳压电源	0～30 V	1	SL-168
2	数字直流电压表	0～300 V	1	SL-168
3	数字直流毫安表	0～200 mA	1	SL-168
4	电阻	200 Ω、300 Ω、510 Ω	1	插件

四、实验内容

双口网络实验线路如图 5-9-2 所示。将直流稳压电源的输出电压调到 10 V，作为双口网络的输入。

(1) 按同时测量法分别测定两个双口网络的输入、输出电压和电流，计算出传输参数 A_1、B_1、C_1、D_1 和 A_2、B_2、C_2、D_2，并列出它们的传输方程。相关数据记入表 5-9-2 和表 5-9-3 中。

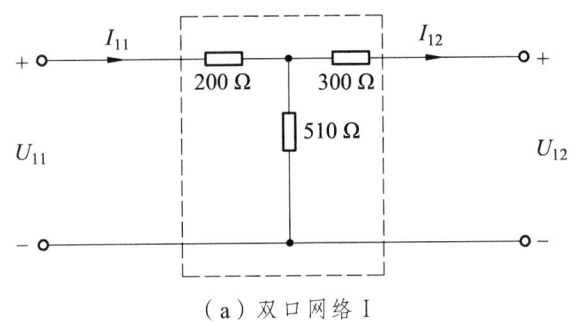

(a) 双口网络 I

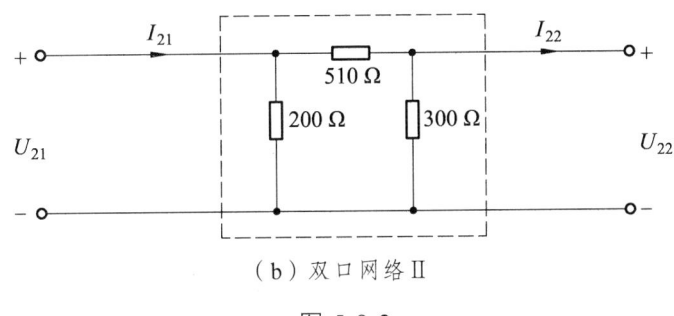

(b) 双口网络 II

图 5-9-2

表 5-9-2 同时测量法数据 1

双口网络 I		测量值			计算值	
	输出端开路 $I_{12}=0$	U_{11O}/V	U_{12O}/V	I_{11O}/mA	A_1	B_1
	输出端短路 $U_{12}=0$	U_{11S}/V	I_{11S}/mA	I_{12S}/mA	C_1	D_1

表 5-9-3 同时测量法数据 2

双口网络 II		测量值			计算值	
	输出端开路 $I_{22}=0$	U_{21O}/V	U_{22O}/V	I_{21O}/mA	A_2	B_2
	输出端短路 $U_{22}=0$	U_{21S}/V	I_{21S}/mA	I_{22S}/mA	C_2	D_2

(2) 将两个双口网络级联后，用两端口分别测量法测量级联后等效双口网络的传输参数 A、B、C、D，并验证等效双口网络传输参数与级联的两个双口网络传输参数之间的关系。相关数据记入表 5-9-4 中。

表 5-9-4　分别测量法数据

输出端开路 $I_2=0$			输出端短路 $U_2=0$			计算传输参数
U_{1O}/V	I_{1O}/mA	R_{1O}/kΩ	U_{1S}/V	I_{1S}/mA	R_{1S}/kΩ	
输入端开路 $I_1=0$			输入端短路 $U_1=0$			$A=$
U_{2O}/V	I_{2O}/mA	R_{2O}/kΩ	U_{2S}/V	I_{2S}/mA	R_{2S}/kΩ	$B=$
						$C=$
						$D=$

五、实验注意事项

（1）用电流表测量电流时，要注意选取合适的量程（根据所给的电路参数，估算电流表量程）。

（2）两个双口网络级联时，应将一个双口网络Ⅰ的输出端与另一双口网络Ⅱ的输入端连接。

六、预习思考题

（1）试述双口网络同时测量法与分别测量法的测量步骤、优缺点及其适用情况。

（2）本实验方法可否用于交流双口网络的测定？

七、实验报告

（1）完成对数据表格的测量和计算任务。

（2）列写参数方程。

（3）验证级联后等效双口网络的传输参数与级联的两个双口网络传输参数之间的关系。

（4）总结、归纳双口网络的测试技术。

（5）总结实验的心得体会及其他。

实验 10　　电压互感器实验

一、实验目的

（1）学会互感电路同名端、互感系数以及耦合系数的测定方法。
（2）理解两个线圈相对位置的改变以及用不同材料作线圈心时对互感的影响。

二、原理说明

1．判断互感线圈同名端的方法

1）直流法

如图 5-10-1 所示，开关 S 闭合瞬间，若毫安表的指针正偏，则可断定"1""3"为同名端；若指针反偏，则"1""4"为同名端。

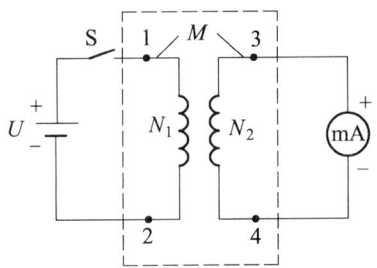

图 5-10-1　直流法判定互感线圈同名端的实验电路

2）交流法

如图 5-10-2 所示，将两个绕组 N_1 和 N_2 的任意两端（如 2、4 端）连在一起，在其中的一个绕组（如 N_1）两端加一个低电压，另一绕组（如 N_2）开路，用交流电压表分别测出端电压 U_{13}、U_{12} 和 U_{34}。若 U_{13} 是两个绕组端压之差，则 1、3 是同名端；若 U_{13} 是两绕组端压之和，则 1、4 是同名端。

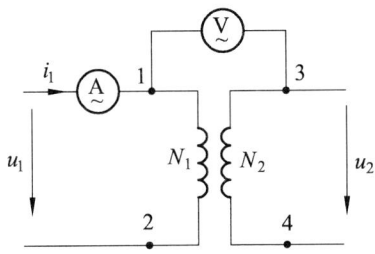

图 5-10-2　交流法判定互感线圈同名端的实验电路

2．两线圈互感系数 M 的测定

在图 5-10-2 中的 N_1 侧施加低压交流电压 U_1，测出 I_1 及 U_2。根据互感电势 $E_{2M} \approx U_{20} = \omega M I_1$，

可算得互感系数为 $M = \dfrac{U_2}{\omega I_1}$。

3．耦合系数 k 的测定

两个互感线圈耦合松紧的程度可用耦合系数 k 来表示，k 值可采用下式计算：

$$k = M / \sqrt{L_1 L_2}$$

如图 5-10-2 所示，先在 N_1 侧加低压交流电压 U_1，测出 N_2 侧开路时的电流 I_1；然后再在 N_2 侧加电压 U_2，测出 N_1 侧开路时的电流 I_2，求出各自的自感 L_1 和 L_2，即可算得 k 值。

三、实验设备（见表 5-10-1）

表 5-10-1　实验设备

序号	名　　称	型号与规格	数　量	备　注
1	数字直流电压表	0～300 V	1	SL-168
2	数字直流安培表	0～5 A	1	SL-168
3	交流电压表	0～450 V	1	SL-168
4	交流电流表	0～5 A	1	SL-168
5	互感线圈	N_1 为大线圈 N_2 为小线圈	1 对	插件
6	电阻器	510 Ω	1	插件
7	发光二极管	红	1	插件
8	铁棒		1	
9	铝棒		1	
10	微安表	±50 μA	1	插件

四、实验内容

1．分别用直流法和交流法测定互感线圈的同名端

1）直流法

实验线路如图 5-10-3 所示，电位器 R 可不接。将 N_1，N_2 同心式套在一起，并放入铁芯。U_1 为可调直流稳压电源，调至 3 V，N_2 侧直接接入 50 微安电流表。将铁芯迅速地拔出和插入，观察微安表指针正偏反偏的变化，来判定 N_1 和 N_2 两个线圈的同名端。

2）交流法

按图 5-10-4 接线，将 N_1、N_2 同心式套在一起。N_1 串接交流电流表后接至交流电源 3V 的输出，N_2 侧开路，并在两线圈中插入铁芯。

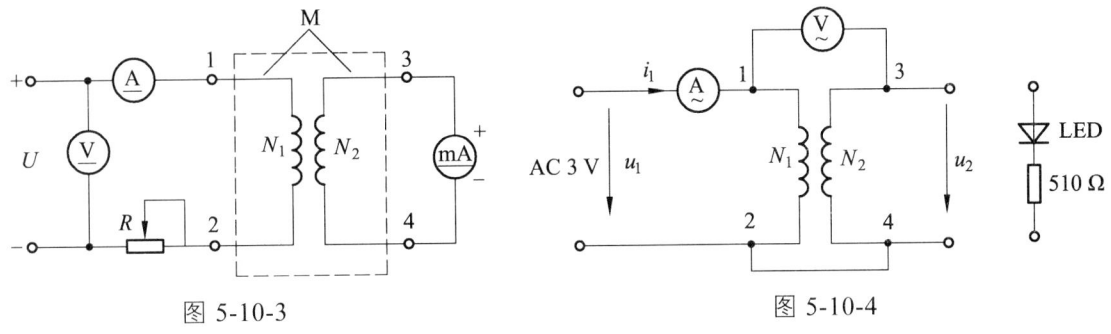

图 5-10-3　　　　　　　　　　　图 5-10-4

接通交流电源，然后用交流毫伏表测量 U_{13}，U_{12}，U_{34}，判定同名端。

拆去 2、4 连线，并将 2、3 相接，重复上述步骤，判定同名端。

2．观察互感现象

在图 5-10-4 所示的 N_2 侧接入 LED 发光二极管与 510 Ω 串联的支路。

（1）将铁芯慢慢地从两线圈中抽出和插入，观察 LED 亮度的变化及各电表读数的变化，记录现象。

（2）改变两线圈的相对位置，观察 LED 亮度的变化及仪表读数。

（3）改用铝棒替代铁棒，重复（1）、（2）的步骤，观察 LED 的亮度变化，记录现象。

五、实验注意事项

（1）整个实验过程中，注意流过线圈 N_1 的电流不得超过 0.3 A，流过线圈 N_2 的电流不得超过 0.2 A。

（2）在测定同名端及其他测量数据的实验中，都应将小线圈 N_2 套在大线圈 N_1 中，并插入铁芯。

（3）如果实验室备有 200 Ω、2 A 的滑线变阻器或大功率的负载，则可接在交流实验时的 N_1 侧，作为限流电阻用。

（4）做交流实验时，只能输入 3 V 电压，不能接交流电源的 6 V 或更高。

六、预习思考题

本实验用直流法判断同名端是用插、拔铁芯时观察电流表的正、负读数变化来确定的，这与实验原理中所叙述的方法是否一致？

七、实验报告

（1）总结互感线圈同名端测试方法。

（2）解释实验中观察到的互感现象。

（3）总结实验的心得体会及其他。

实验 11 R、L、C 元件阻抗特性的测定

一、实验目的

（1）验证电阻、感抗、容抗与频率的关系，测定 R-f，X_L-f 与 X_C-f 特性曲线。
（2）加深理解 R、L、C 元件端电压与电流间的相位关系。

二、原理说明

（1）在正弦交变信号作用下，R、L、C 电路元件在电路中的抗流作用与信号的频率有关，它们的阻抗-频率特性 R-f，X_L-f，X_C-f 曲线如图 5-11-1 所示。
（2）元件阻抗-频率特性的测试电路如图 5-11-2 所示。

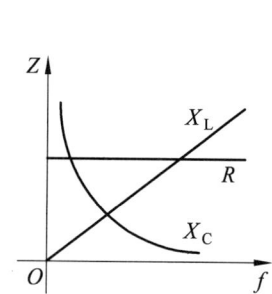

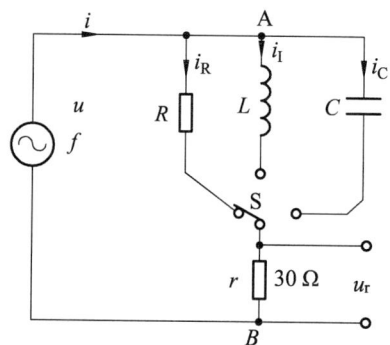

图 5-11-1 阻抗-频率特性曲线　　　　图 5-11-2 阻抗-频率特性测试电路

图 5-11-2 中的 r 是提供测量回路电流用的标准小电阻，由于 r 的阻值远小于被测元件的阻抗值，因此可以认为 AB 之间的电压就是被测元件 R 或 L 或 C 两端的电压，流过被测元件的电流则可由 r 两端的电压除以 r 求得。

若用双踪示波器同时观察 r 与被测元件两端的电压，亦即展现出被测元件两端的电压和流过该元件的电流的波形，即可在荧光屏上测出电压与电流的幅值及它们之间的相位差。

（3）将元件 R、L、C 串联或并联相接，亦可用同样的方法测得 $Z_串$ 与 $Z_并$ 时的阻抗-频率特性 Z-f，根据电压、电流的相位差可判断 $Z_串$ 与 $Z_并$ 是感性负载还是容性负载。

（4）元件的阻抗角（即相位差 ϕ）随输入信号的频率变化而改变，将不同频率下的相位差画在以频率 f 为横坐标、阻抗角 ϕ 为纵坐标的坐标纸上，并用光滑的曲线连接这些点，即可得到阻抗角的频率特性曲线。

用双踪示波器测量阻抗角的方法如图 5-11-3 所示。荧光屏上数得一个周期占 n 格，相位差占 m 格，则实际的相位差 ϕ（阻抗角）为

$$\phi = m \times \frac{360°}{n}$$

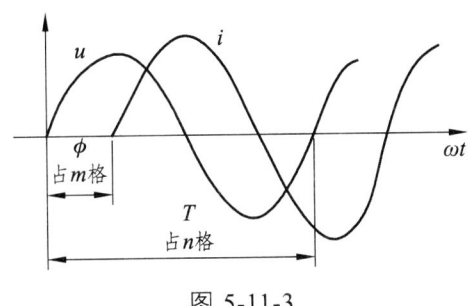

图 5-11-3

三、实验设备（见表 5-11-1）

表 5-11-1 实验设备

序号	名　称	型号与规格	数量	备注
1	函数信号发生器		1	SL-168
2	交流毫伏表	0～200 mV	1	SL-168
3	双踪示波器		1	
4	电阻器	$R=1$ kΩ、$r=30$ Ω	1	插件
5	电容器	0.01 μF	1	插件
6	电感（镇流器 8 W）	$L\approx 2$ H	1	插件
7	频率计		1	SL-168

四、实验内容

（1）测量 R、L、C 元件的阻抗频率特性。

通过电缆线将低频信号发生器输出的正弦信号接至如图 5-11-2 所示的电路作为激励源 U，并用交流毫伏表测量，使激励源电压有效值为 $U = 3$ V 并保持不变。

使信号源的输出频率从 200 Hz 逐渐增至 5 kHz（用频率计测量），并使开关 S 分别接通 R、L、C 三个元件，用交流毫伏表测量 U_r，并通过计算得到各频率点时的 R、X_L 与 X_C 之值，记入表 5-11-2 中。

表 5-11-2 实验数据

	频率 f（kHz）									
R	U_r（mV）									
R	$I_R=U_r/r$（mA）									
R	$R=U/I_R$（kΩ）									
L	U_r（mV）									
L	$I_L=U_r/r$（mA）									
L	$X_L=U/I_L$（kΩ）									
C	U_r（mV）									
C	$I_C=U_r/r$（mA）									
C	$X_C=U/I_C$（kΩ）									

（2）用双踪示波器观察不同频率下各元件阻抗角的变化情况，并作记录。

（3）测量 R、L、C 元件串联的阻抗角频率特性，将实验数据记入表 5-11-3 中。

表 5-11-3　实验数据

频率 f（kHz）	
n（格）	
m（格）	
ϕ（度）	

五、实验注意事项

（1）交流毫伏表属于高阻抗电表，测量前必须先调零。

（2）测 ϕ 时，示波器的"V/div"和"t/div"的微调旋钮应旋置"校准位置"。

六、预习思考题

测量 R、L、C 元件的阻抗角时，为什么要串联一个小电阻？可否用一个小电感或大电容代替？为什么？

七、实验报告

（1）根据实验数据，在方格纸上绘制 R、L、C 三个元件的阻抗-频率特性曲线，从中可得出什么结论？

（2）根据实验数据，在方格纸上绘制 R、L、C 三个元件串联的阻抗角-频率特性曲线，并总结、归纳出结论。

（3）总结实验的心得体会及其他。

实验 12 R、L、C 串联谐振电路的研究

一、实验目的

（1）学习用实验方法绘制 R、L、C 串联电路的幅频特性曲线。

（2）加深理解电路发生谐振的条件、特点，掌握电路品质因数（电路 Q 值）的物理意义及其测定方法。

二、原理说明

（1）在图 5-12-1 所示的 R、L、C 串联电路中，当正弦交流信号源的频率 f 改变时，电路中的感抗、容抗随之而变，电路中的电流也随 f 而变。取电阻 R 上的电压 U_o 作为响应，当输入电压 U_i 维持不变时，在不同信号频率的激励下，测出 U_o 之值，然后以 f 为横坐标，以 U_o/U_i 为纵坐标，绘出平滑的曲线，此即为幅频特性，亦称谐振曲线，如图 5-12-2 所示。

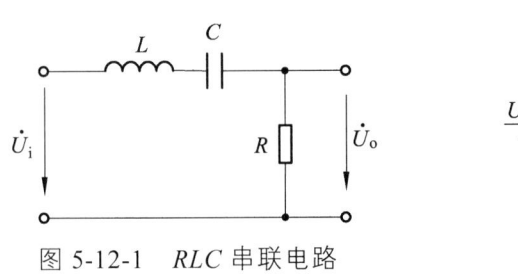
图 5-12-1 RLC 串联电路

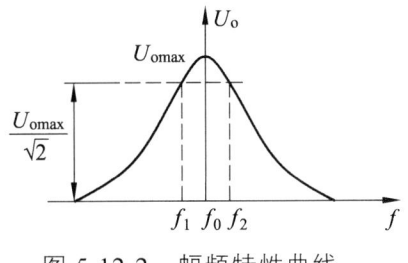
图 5-12-2 幅频特性曲线

（2）在 $f=f_0=\dfrac{1}{2\pi\sqrt{LC}}$ 处（$X_L=X_C$），即幅频特性曲线尖峰所在的频率点（该频率称为谐振频率），此时电路呈纯阻性，电路阻抗的模为最小。在输入电压 U_i 为定值时，电路中的电流达到最大值，且与输入电压 U_i 同相位，从理论上讲，此时 $U_i=U_R=U_o$，$U_L=U_C=QU_i$，式中的 Q 称为电路的品质因数。

（3）电路品质因数 Q 值的两种测量方法。

一是根据公式 $Q=\dfrac{U_L}{U_o}=\dfrac{U_C}{U_o}$ 测定，U_C 与 U_L 分别为谐振时电容器 C 和电感线圈 L 上的电压。

另一方法是通过测量谐振曲线的通频带宽度 $\Delta f = f_2 - f_1$，再根据 $Q=\dfrac{f_0}{f_2-f_1}$ 求出 Q 值。式中：f_0 为谐振频率；f_2 和 f_1 是失谐时，电压幅度下降到为最大值的 $\dfrac{1}{\sqrt{2}}(=0.707)$ 时的上、下频率点。

Q 值越大，幅频特性曲线越尖锐，通频带越窄，电路的选择性越好。在恒压源供电时，电路的品质因数、选择性与通频带只取决于电路本身的参数，而与信号源无关。

三、实验设备（见表 5-12-1）

表 5-12-1 实验设备

序号	名　　称	型号与规格	数　量	备　注
1	函数信号发生器		1	SL-168
2	交流毫伏表	0～200 V	1	SL-168
3	双踪示波器		1	
4	频率计		1	SL-168
5	电阻	510 Ω、1 kΩ	1	插件
6	电容	6800 pF	1	插件
7	电感	30 mH	1	插件

四、实验内容

（1）按图 5-12-3 组成监视、测量电路，用交流毫伏表测电压，用示波器监视信号源输出，令其输出电压 $U_i \leqslant 3$ V 并保持不变。

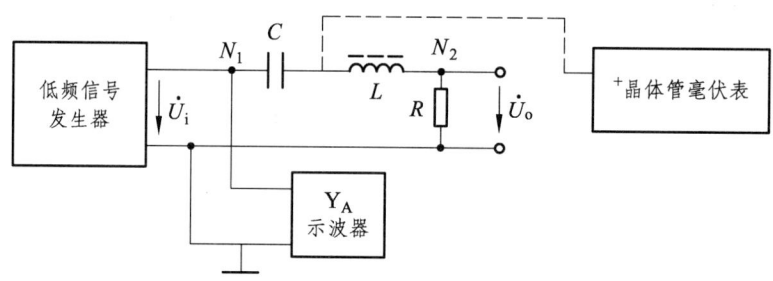

图 5-12-3 实验电路

（2）找出电路的谐振频率 f_0，其方法是，将毫伏表接在 R（510 Ω）两端，令信号源的频率由小逐渐变大（注意要维持信号源的输出幅度不变），当 U_o 的读数为最大时，读得频率计上的频率值即为电路的谐振频率 f_0，并测量此时的 U_C 与 U_L 之值（注意及时更换毫伏表的量程）。

（3）在谐振点两侧，按频率递增或递减 500 Hz 或 1 kHz，依次各取 8 个测量点，逐点测出 U_o，U_L，U_C 之值，记入表 5-12-2。

表 5-12-2 实验数据 1

F/kHz									
U_O/V									
U_L/V									
U_C/V									

$U_i=3$ V，$R=510$ Ω，$f_0=$　　，$Q=$　　，$f_2-f_1=$

（4）改变电阻值，重复步骤（2），（3）的测量过程，将实验数据记入表 5-12-3 中。

表 5-12-3　实验数据 2

f/kHz											
U_o/V											
U_L/V											
U_C/V											
$U_i=3$ V，$R=1$ kΩ，$f_0=$　　，$Q=$　　，$f_2-f_1=$											

五、实验注意事项

（1）测试频率点的选择应在靠近谐振频率附近多取几点，在变换频率测试前，应调整信号输出幅度（用示波器监视输出幅度），使其维持在 3 V 输出。

（2）在测量 U_C 和 U_L 数值前，应将毫伏表的量程放大约 10 倍，而且在测量 U_L 与 U_C 时毫伏表的"+"端接 C 与 L 的公共点，其接地端分别触及 L 和 C 的近地端 N_2 和 N_1。

六、预习思考题

（1）根据实验线路板给出的元件参数值，估算电路的谐振频率。

（2）改变电路的哪些参数可以使电路发生谐振，电路中 R 的数值是否影响谐振频率值？

（3）如何判别电路是否发生谐振？测试谐振点的方案有哪些？

（4）电路发生串联谐振时，为什么输入电压不能太大？如果信号源给出 3 V 的电压，电路谐振时，用交流毫伏表测 U_L 和 U_C，应该选择用多大的量限？

（5）要提高 R、L、C 串联电路的品质因数，电路参数应如何改变？

（6）本实验在谐振时，对应的 U_L 与 U_C 是否相等？如有差异，原因何在？

七、实验报告

（1）根据测量数据，绘出不同 Q 值时的三条幅频特性曲线：

$$U_o=f(f),\ U_L=f(f),\ U_C=f(f)$$

（2）计算出通频带与 Q 值，说明不同 R 值对电路通频带与品质因数的影响。

（3）比较两种不同的测 Q 值的方法，分析误差原因。

（4）谐振时，比较输出电压 U_o 与输入电压 U_i 是否相等？试分析原因。

（5）通过本次实验，总结、归纳串联谐振电路的特性。

（6）总结实验的心得体会及其他。

实验 13　　单相铁芯变压器特性的测试

一、实验目的

（1）通过测量，计算变压器的各项参数。
（2）学会测绘变压器的空载特性与外特性。

二、原理说明

（1）如图 5-13-1 所示为测试变压器参数的电路，由各仪表读得变压器原边（AX—设为低压侧）的 U_1、I_1、P_1 及副边（ax 设为高压侧）的 U_2、I_2，并用万用表 R×1 档测出原、副绕组的电阻 R_1 和 R_2，即可算得变压器的各项参数值。

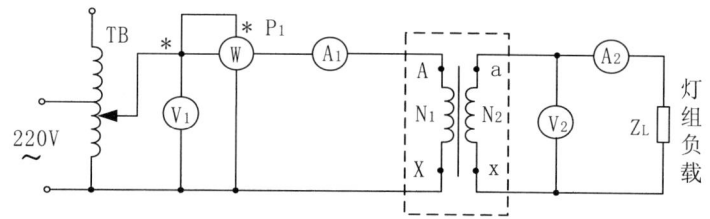

图 5-13-1　变压器参数测试电路

电压比 $K_u = \dfrac{U_1}{U_2}$　　　　电流比 $K_1 = \dfrac{I_2}{I_1}$

原边阻抗 $Z_1 = \dfrac{U_1}{I_1}$　　　　副边阻抗 $Z_2 = \dfrac{U_2}{I_2}$

阻抗比 $= \dfrac{Z_1}{Z_2}$

负载功率　$P_2 = U_2 I_2 \cos\phi_2$

损耗功率　$P_0 = P_1 - P_2$

功率因数 $= \dfrac{P_1}{U_1 I_1}$

原边线圈铜耗　$P_{Cu1} = I_1^2 R_1$

副边铜耗　$P_{Cu2} = I_2^2 R_2$

铁耗　$P_{Fe} = P_0 - (P_{Cu1} + P_{Cu2})$

（2）铁芯变压器是一个非线性元件，铁芯中的磁感应强度 B 取决于外加电压的有效值 U，当副边开路（即空载）时，原边的励磁电流 I_{10} 与磁场强度 H 成正比。在变压器中，副边空载时，原边电压与电流的关系称为变压器的空载特性，这与铁芯的磁化曲线（$B-H$ 曲线）是一致的。

空载实验通常是将高压侧开路，由低压侧通电进行测量。又因空载时功率因数很低，故测量功率时应采用低功率因数瓦特表。此外，因变压器空载时阻抗很大，故电压表应接在电流表外侧。

（3）变压器外特性测试。

为了满足实验台上三组灯泡负载额定电压为 220 V 的要求，故以变压器的低压（36 V）绕组作为原边、以 220 V 的高压绕组作为副边，即当做一台升压变压器使用。

在保持原边电压 U_1（=36 V）不变时，逐次增加灯泡负载（每只灯为 15 W），测定 U_1、U_2、I_2 和 I_1，即可绘出变压器的外特性，即负载特性曲线 $U_2=f(I_2)$。

三、实验设备（见表 5-13-1）

表 5-13-1　实验设备

序号	名　　称	型号与规格	数量	备　注
1	交流电压表	0～450 V	1	SL-168
2	交流电流表	0～5 A	1	SL-168
3	单相功率表	0～2000 W	1	SL-168
4	试验变压器	220 V/36V、50 V·A	1	DG04
5	自耦调压器	0～240 V	1	SL-168
6	白炽灯	220 V，15 W	3	DG02

四、实验内容

（1）用交流法判别变压器绕组的极性（参照实验 10）。

（2）按图 5-13-1 所示连接线路，（AX 为低压绕组，ax 为高压绕组）即电源经调压器 TB 接至低压绕组，高压绕组接 220 V、15 W 的灯组负载（用 3 只灯泡并联获得），经指导教师检查后方可进行实验。

（3）将调压器手柄置于输出电压为零的位置（逆时针旋到底位置），然后合上电源开关并调节调压器，使其输出电压等于变压器低压侧的额定电压 36 V，分别读出负载开路及逐次增加负载至额定值时五个仪表的读数并记入自拟的数据表格。实验完毕将调压器调回零位，断开电源。按表格中记录的实验数据绘制变压器外特性曲线。

（4）将高压线圈（副边）开路，确认调压器处在零位后，合上电源，调节调压器输出电压，使 U_1 从零逐次上升到1.2 倍额定电压（1.2×36V），分别记下各次测得的 U_1，U_{20} 和 I_{10} 数据，记入自拟的数据表格，绘制变压器的空载特性曲线。

五、实验注意事项

（1）本实验是将变压器作为升压变压器使用，并用调压器提供原边电压 U_1，故使用调压器时应首先调至零位，然后才可合上电源。此外，必须用电压表监视调压器的输出电压，防止被测变压器输出过电压而损坏实验设备，且要注意安全，以防高压触电。

（2）由负载实验转到空载实验时，要注意及时变换仪表量程。

（3）遇异常情况应立即断开电源，待处理好故障后再继续实验。

六、预习思考题

（1）为什么本实验将低压绕组作为原边进行通电实验？此时，在实验过程中应注意什么问题？

（2）为什么变压器的励磁参数一定是在空载实验加额定电压的情况下求出？

七、实验报告

（1）根据实验内容，自拟数据记录表格，绘出变压器的外特性曲线和空载特性曲线。

（2）根据额定负载时测得的数据，计算变压器的各项参数。

（3）计算变压器的电压调整率 $\Delta U\% = \dfrac{U_{20} - U_{2N}}{U_{20}} \times 100\%$。

（4）总结实验的心得体会及其他。

实验 14　　单相电度表实验

一、实验目的

（1）掌握电度表的接线方法。
（2）学会电度表的校验方法。

二、原理说明

（1）电度表是一种感应式仪表，是根据交变磁场在金属中产生感应电流从而产生转矩的基本原理而工作的仪表，主要用于测量交流电路中的电能。它的指示器不能像其他指示仪表的指针一样停留在某一位置，而应能随着电能的不断增大（也就是随着时间的延续）而连续地转动，这样才能随时反映出电能积累的总数值。因此，它的指示器是一个"积算机构"，它将转动部分通过齿轮传动机构折换为被测电能的数值，由一系列齿轮上的数字直接指示出来。

它的驱动元件是由电压铁芯线圈和电流铁芯线圈在空间上、下排列，中间隔以铝制的圆盘。驱动两个铁芯线圈的交流电，建立起合成的特殊分布的交变磁场并穿过铝盘，在铝盘上产生出感应电流，该电流与磁场的相互作用结果产生旋动力矩使铝盘转动。

铝盘上方装有一个永久磁铁，其作用是对转动的铝盘产生制动力矩，使铝盘转速与负载功率成正比。因此，在某一测量时间内，负载所消耗的电能 W 就与铝盘的转数 n 成正比。即

$$N = \frac{n}{W}$$

比例系数 N 称为电度表常数，常在电度表上标明，其单位是转/千瓦小时（r/kw·h）。

（2）电度表的灵敏度是指在额定电压、额定频率及 $\cos\varphi=1$ 的条件下，从零开始调节负载电流，测出铝盘开始转动的最小电流值 $I_{\min}$，则仪表的灵敏度表示为

$$S = \frac{I_{\min}}{I_N} \times 100\%$$

式中的 I_N 为电度表的额定电流。

（3）电度表的潜动是指负载等于零时，电度表仍出现缓慢转动的情况。按照规定，无负载电流且外加电压为电度表额定电压的 110%（达 242 V）时，观察铝盘的转动是否超过一周，凡超过一周者，判为潜动不合格的电度表。

三、实验设备（见表 5-14-1）

表 5-14-1　实验设备

序号	名　称	型号与规格	数　量	备　注
1	电度表		1	
2	单相功率表		1	SL-168
3	交流电压表	0～450 V	1	SL-168

续表

序号	名称	型号与规格	数量	备注
4	交流电流表	0～5 A	1	SL-168
5	交流 0～240 V		1	SL-168
6	灯组负载	220 V/15 W 白炽灯	9	DG02
7	秒表		1	自备

四、实验内容与步骤

（1）记录被校验电度表的数据：

额定电流 I_N =

额定电压 U_N =

电度表常数 N =

准确度为_____

（2）用功率表、秒表法校验电度表的准确度。

按图 5-14-1 组接线路，电度表的接线与功率表相同，其电流线圈与负载串联，电压线圈与负载并联。

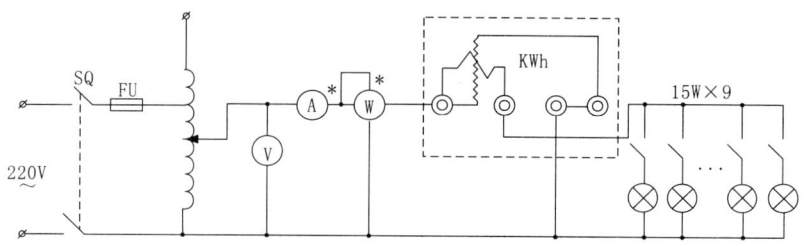

图 5-14-1 实验电路

经指导老师检查线路连接无误后，接通电源，将调压器的输出电压调到 220 V，按表 5-14-2 的要求接通灯组负载，用秒表定时记录电度表铝盘的转数并记录各表的读数。

为了计时及数圈数准确起见，可将电度表铝盘上的一小段红色标记刚出现（或刚结束）时作为秒表计时的开始。此时，为了能记录整数转数，可先预定好转数，待电度表铝盘刚转完此转数时，作为秒表测定时间的终点。所有数据记入表 5-14-2。

为了准确和熟悉起见，可重复多做几次。

表 5-14-2 实验数据

负载情况	测量值					计算值			
	U/V	I/A	P/W	测定时间 /s	转数 n	实测电能 W/（kW·h）	计算电能 W/（kW·h）	$\Delta W/W$	电度表常数 N
9×15 W									
6×15 W									

（3）检查电度表的潜动是否合格。

此时，只要切断负载，即断开电度表的电流线圈回路，调节调压器的输出电压为额定电压的110%（即242 V），仔细观察电度表的铝盘是否转动，一般允许有缓慢地转动，但应在不超过一转的任一点上停止，这样，电度表的潜动即为合格，反之则不合格。

五、实验注意事项

（1）本实验台配有一只电度表，装在实验盒上，实验时，可将实验盒垂直靠在实验台上做实验，以保证电度表的精度。

（2）记录数据时，同组同学要密切配合，秒表定时与读取转数步调要一致，以确保测量的准确性。

六、预习思考题

（1）查找有关资料，了解电度表的结构、原理及其鉴定方法。
（2）常见的电度表接线错误有哪些？它们会造成什么后果？

七、实验报告

（1）对被校电度表的各项技术指标作出评论。
（2）总结校表工作的体会及其他。

第6章 交流电力拖动电气控制实验

实验1 三相异步电动机点动控制

一、实验目的

（1）掌握三相异步电动机接触器点动控制电路的工作原理。
（2）熟悉实际电路的接线。
（3）进一步理解电机、接触器等的工作原理。

二、实验原理

三相异步电动机的点动控制电路如图 6-1 所示。

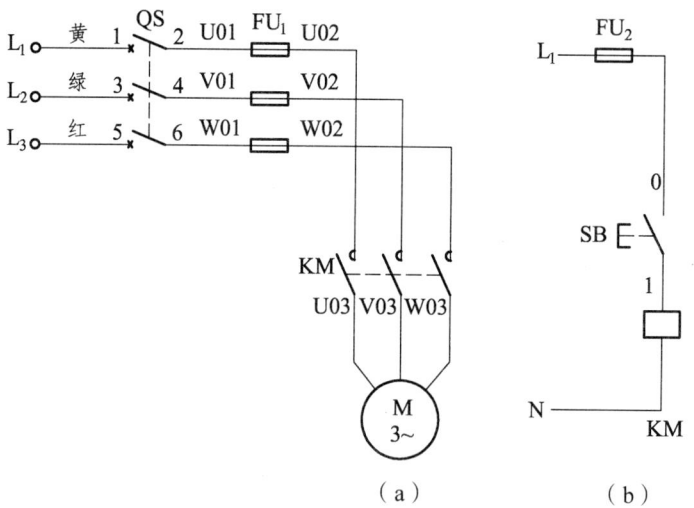

图 6-1 三相异步电动机点动控制电路

点动控制电路中，由于电动机的启动、停止是通过按下或松开按钮来实现的，所以电路中不需要停止按钮；而且在点动控制电路中，由于电动机的运行时间较短，因而无需过热保护装置。

如图 6-1（a）所示，当只合上电源开关 QS 时，电动机是不会启动运转的，因为这时接触器 KM 线圈未能得电，它的触头处在断开状态，电动机 M 的定子绕组上没有电压。必须按下按钮 SB，使接触器 KM 的线圈通电，KM 在主电路中的主触头闭合，电动机 M 的定子绕组得电，电动机才可启动。当松开按钮 SB 时，KM 线圈失电，其主触头分开，切断电动机 M 的电源，电动机即停止转动。

在电路中，我们用一个控制变压器来提供控制回路的电源。控制变压器的主要作用是将主电路较高的电压转变为控制回路较低的工作电压，从而实现电气隔离。需要注意的是，变压器的副边要加一个熔断器，否则副边控制回路的短路会将变压器烧毁。

三、实验设备

需要挂件为：DGKH-11（提供三相空气开关和保险管），DGKH-05（提供交流接触器），DGKH-04（提供按钮）。

四、检测与调试

检查接线无误后，接通交流电源，"合"上开关 QS，此时电机不转；按下按钮 SB，电机即可启动；松开按钮电机即停转。若电机不能点动控制或发生熔丝熔断等故障，则应分断电源，分析排除故障后使之正常工作。

五、实验内容

按照图 6-1 所示接好一次、二次线路，给整个装置通电并按相应的按钮，观察电机的运行情况。

实验 2　三相异步电动机自锁控制

一、实验目的

（1）掌握三相异步电动机接触器自锁控制电路的工作原理。
（2）熟悉实际电路的接线。
（3）进一步理解电机、接触器等的工作原理。

二、实验原理

三相异步电动机自锁控制电路如图 6-2 所示。

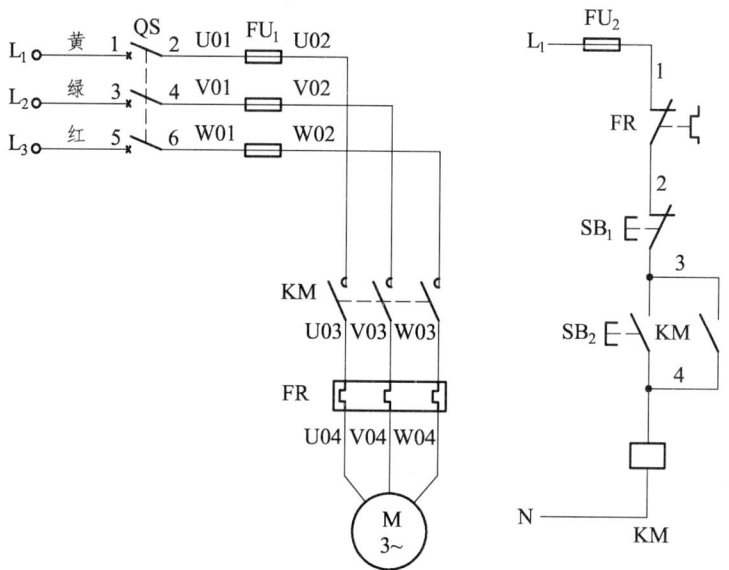

图 6-2　三相异步电动机自锁控制电路

在点动控制的电路中，要使电动机转动，就必须按住按钮不放。而在实际生产中，有些电动机需要长时间连续地运行，这样使用点动控制是不现实的，因而就需要具有接触器自锁的控制电路了。

自锁触头必须是常开触头且与启动按钮并联。又因为电动机是连续工作的，所以必须加装热继电器以实现过载保护。具有过载保护的三相异步电动机自锁控制电路原理图如图 6-2 所示，它与点动控制电路的不同之处在于控制电路中增加了一个停止按钮 SB_1，在启动按钮 SB_2 的两端并联了一对接触器的常开触头，增加了过载保护装置（热继电器 FR）。

电路的工作过程如下：当按下启动按钮 SB_2 时，接触器 KM 线圈通电，主触头闭合，电动机 M 启动旋转；当松开按钮 SB_2 时，电动机不会停转，因为这时接触器 KM 线圈可以通过辅助触点继续维持通电，保证主触点 KM 仍处在接通状态，电动机 M 就不会失电停转。这种松开按钮仍能自行保持线圈通电的控制电路叫作具有自锁（或自保）的接触器控制电路，简称自锁控制电路。与 SB_2 并联的接触器常开触头称为自锁触头。

1. 欠电压保护

"欠电压"是指电路电压低于电动机应加的额定电压。欠电压的后果是电动机转矩要降低，转速随之下降，从而影响电动机的正常运行，欠电压严重时会损坏电动机，导致事故。在具有接触器自锁的控制电路中，电动机运转时，若电源电压降低到一定值（一般低到85%额定电压以下），接触器线圈磁通将减弱，电磁吸力克服不了反作用弹簧的压力，动铁芯因而释放，使接触器主触头分开，自动切断主电路，电动机停转，从而达到欠电压保护的作用。

2. 失电压保护

生产设备运行时，可能会由于其他设备发生故障引起瞬时断电而使生产机械停转。当故障排除后恢复供电时，电动机的自动重新启动很可能引起设备与人身事故。采用具有接触器自锁的控制电路时，即使电源恢复供电，但由于自锁触头仍然保持断开，因而接触器线圈不会自行通电，所以电动机不会自行启动。只有操作人员在有准备的情况下再次按下启动按钮，电动机才能启动，从而避免了可能出现的事故。这种保护称为失电压保护或零电压保护。

3. 过载保护

具有自锁的控制电路虽然有短路保护、欠电压保护和失电压保护功能，但实际使用中还不够完善。因为电动机在运行过程中，若长期负载过大或操作频繁，或三相电路断掉一相运行等原因，都可能使电动机的电流超过它的额定值，有时熔断器在这种情况下尚不会熔断，这将会引起电动机绕组过热，损坏电动机绝缘，因此，应对电动机设置过载保护。通常由三相热继电器来完成过载保护。

三、实验设备

需要挂件为：DGKH-11（提供三相空气开关和保险管），DGKH-05（提供交流接触器），DGKH-04（提供按钮），DGKH-06（提供热继电器）。

四、检测与调试

检查接线无误后，接通交流电源，"合"开关 QS，按下启动按钮 SB_2，电机应启动并连续转动，按下停止按钮 SB_1 电机应停转。若按下 SB_2 电机启动运转后，电源电压降到 320 V 以下或电源断电，则接触器 KM 的主触头会断开，电机停转。再次恢复电压为 380 V（允许±10%的波动），电机应不会自行启动，因为具有欠压或失压保护。

如果电机转轴卡住而接通交流电源，则在几秒内热继电器应动作断开加在电机上的交流电源（注意不能超过 10 s，否则电机过热会冒烟导致损坏）。

五、实验内容

按照图 6-2 所示接好一、二次线路，经指导教师检查无误后，给整个装置通电并按相应的按钮，观察电机的运行情况。

实验 3　　三相异步电动机点动/自锁切换控制

一、实验目的

(1) 掌握三相异步电动机接触器点动/自锁切换控制电路的工作原理。
(2) 熟悉实际电路的接线。
(3) 进一步理解电机、接触器等的工作原理。

二、实验原理

三相异步电动机的点动/自锁切换控制电路原理图如图 6-3 所示。

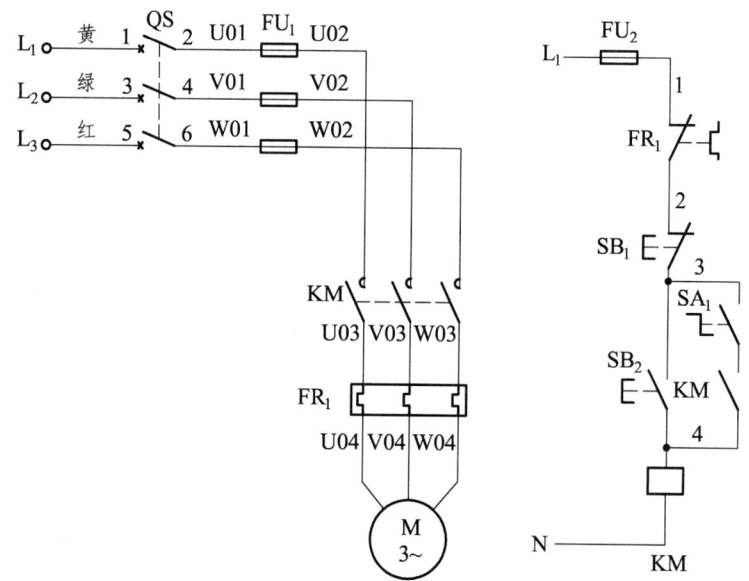

图 6-3　三相异步电动机点动/自锁切换控制电路

点动控制是把 SA_1 切换到断开状态,然后一直按住 SB_2 电机才能一直工作,若停止按 SB_2,那么电机停止工作。

电路的工作过程:把切换到自锁工作状态(即把 SA_1 切换到闭合状态),当按下启动按钮 SB_2 时,接触器 KM 线圈通电,主触头闭合,电动机 M 启动旋转;当松开按钮 SB_2 时,电动机不会停转,因为这时接触器 KM 线圈可以通过辅助触点继续维持通电,保证主触点 KM 仍处在接通状态,电动机 M 就不会失电停转。这种松开按钮 SB_2 仍然自行保持线圈通电的控制电路叫作具有自锁(或自保)的接触器控制电路,简称自锁控制电路。与 SB_2 并联的接触器常开触头称为自锁触头。

1. 欠电压保护

"欠电压"是指电路电压低于电动机应加的额定电压。欠电压的后果是电动机转矩要降低,转速随之下降，从而影响电动机的正常运行，欠电压严重时会损坏电动机，导致事故。在具有接触器自锁的控制电路中，电动机运转时，若电源电压降低到一定值（一般低到 85%额定电压以下），接触器线圈磁通将减弱，电磁吸力克服不了反作用弹簧的压力，动铁芯因而释放，使接触器主触头分开，自动切断主电路，电动机停转，从而达到欠电压保护的作用。

2. 失电压保护

生产设备运行时，可能会由于其他设备发生故障引起瞬时断电而使生产机械停转。当故障排除后恢复供电时，电动机的自动重新启动很可能引起设备与人身事故。采用具有接触器自锁的控制电路时，即使电源恢复供电，但由于自锁触头仍然保持断开，因而接触器线圈不会通电，所以电动机不会自行启动，从而避免了可能出现的事故。这种保护称为失电压保护或零电压保护。

3. 过载保护

具有自锁的控制电路虽然有短路保护、欠电压保护和失电压保护功能，但实际使用中还不够完善。因为电动机在运行过程中，若长期负载过大或操作频繁，或三相电路断掉一相运行等原因，都可能使电动机的电流超过它的额定值，有时熔断器在这种情况下尚不会熔断，这将会引起电动机绕组过热，损坏电动机绝缘，因此，应对电动机设置过载保护。通常由三相热继电器来完成过载保护。

三、实验内容

需要挂件为：DGKH-11（提供三相空气开关和保险管），DGKH-05（提供交流接触器），DGKH-04（提供按钮），DGKH-06（提供热继电器）。

四、检测与调试

检查接线无误后，接通交流电源，"合"开关 QS，切换 SA_1 到闭合状态，按下启动按钮 SB_2，电机应启动并连续转动，按下停止按钮 SB_1 电机应停转。若按下 SB_2 电机启动运转后，电源电压降到 320V 以下或电源断电，则接触器 KM 的主触头会断开，电机停转。再次恢复电压为 380 V（允许±10%的波动），电机应不会自行启动，因为具有欠压或失压保护。

若切换 SA_1 到断开状态，一直按住启动按钮 SB_2 电机应一直转动；一旦松开 SB_2，则电机停止工作。

如果电机转轴卡住而接通交流电源，则在几秒内热继电器应动作断开加在电机上的交流电源（注意不能超过 10 s，否则电机过热会冒烟导致损坏）。

五、实验内容

按照图 6-3 所示接好一、二次线路，待指导老师检查无误后，给整个装置通电并按相应的按钮，观察电机的运行情况。

实验 4　三相异步电动机定子串电阻减压启动手动控制

一、实验目的

（1）掌握三相异步电动机定子串电阻减压启动手动控制电路的工作原理。
（2）熟悉实际电路的接线。

二、实验原理

三相异步电动机定子串电阻减压启动手动控制电路如图 6-4 所示。

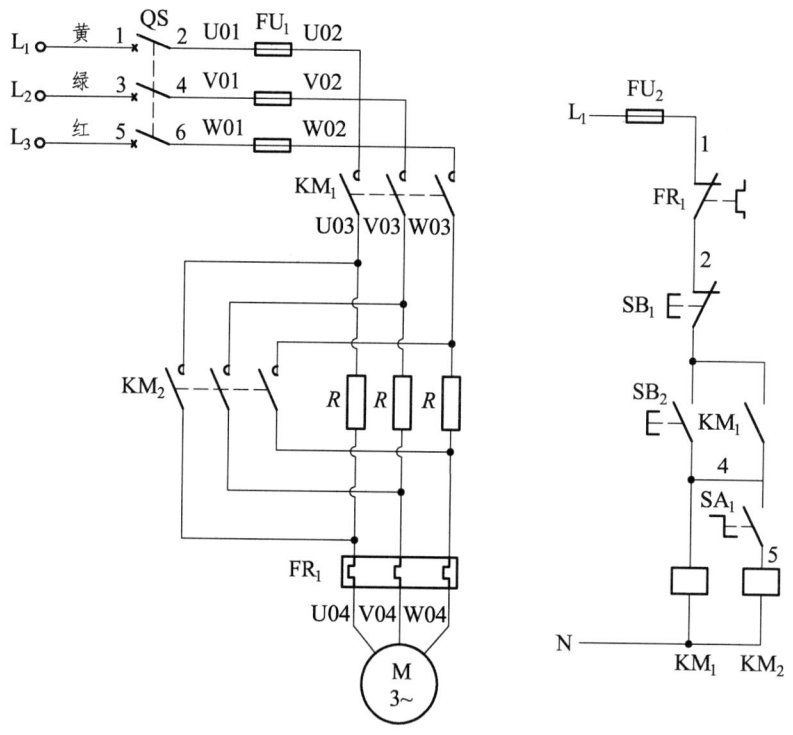

图 6-4　三相异步电动机定子串电阻减压启动手动控制电路

控制电路的动作过程如下：确定 SA_1 处于断开状态后，按下启动按钮 SB_2，KM_1 得电，电动机定子部分串入电阻 R 后启动工作；把 SA_1 切换到闭合状态后，KM_2 得电，把电阻 R 短接起来，使电阻脱离主回路，此时观察电机的工作情况。

三、实验设备

需要挂件为：DGKH-11（提供三相空气开关和保险管），DGKH-05（提供交流接触器），DGKH-04（提供按钮和切换开关），DGKH-06（提供热继电器），控制面板斜面（提供能耗电阻）。

四、检查与调试

仔细确认接线正确后,可接通交流电源,合上开关 QS,按下 SB_2 电机就得电工作;把 SA_1 切换到闭合状态时,电机转速应加快。按下 SB_1 后,电机停止工作。若不能正常工作,请检查线路。

五、实验内容

按照图 6-4 所示接好一、二次线路,给整个装置通电并按相应的按钮,观察电机的运行情况。

实验 5　　三相异步电动机定子串电阻减压启动自动控制

一、实验目的

（1）掌握三相异步电动机定子串电阻减压启动自动控制电路的工作原理。
（2）熟悉实际电路的接线。

二、实验原理

三相异步电动机定子串电阻减压启动自动控制电路如图 6-5 所示。

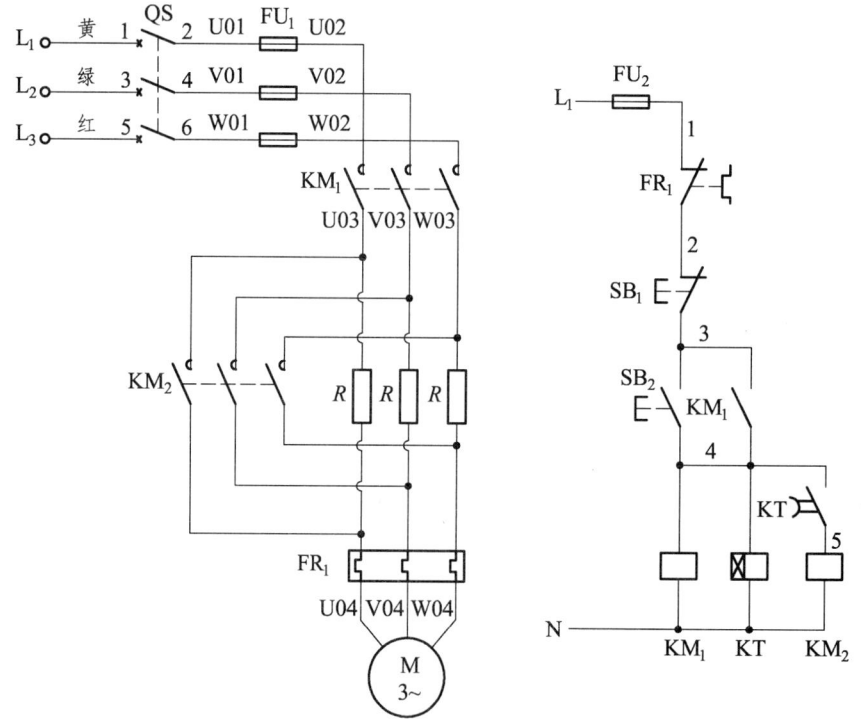

图 6-5　三相异步电动机定子串电阻减压启动自动控制电路

控制电路的动作过程如下：

合上电源开关 QS，按下启动按钮 SB_2，接触器 KM_1 与时间继电器 KT 的线圈同时通电，KM_1 主触头闭合，由于 KM_2 线圈回路中串有时间继电器 KT 延时闭合的动合触头而不能吸合，这时电动机定子绕组中串有电阻 R，进行降压启动，电动机的转速逐步升高。当时间继电器 KT 达到预定的整定时间（通常为 4~8 s）后，其延时闭合的动合触头闭合，KM_2 线圈得电，KM_2 主触头闭合，将启动电阻 R 短接，电动机便处在额定电压下全压运转。

三、实验设备

需要挂件为：DGKH-11（提供三相空气开关和保险管），DGKH-05（提供交流接触器），

DGKH-04（提供按钮），DGKH-06（提供热继电器和时间继电器），控制面板斜面（提供能耗电阻）。

四、检查与调试

仔细确认接线正确后，可接通交流电源，合上开关 QS，按下 SB_2 电机就得电工作。按下 SB_1 后，电机停止工作。若不能正常工作，请检查线路。

五、实验内容

按照图 6-5 所示接好一、二次线路，给整个装置通电并按相应的按钮，观察电机的运行情况。

实验6　带接触器互锁的三相异步电动机正、反转控制

一、实验目的

（1）掌握用接触器实现互锁的三相异步电动机正、反转控制电路的工作原理。
（2）熟悉实际电路的接线。
（3）进一步理解电机、接触器和行程开关等的工作原理。

二、实验原理

几只控制电器通过辅助触头之间的相互连接，实现彼此之间相互联系又相互制约的作用，称为相互联锁。实现联锁控制的触头叫联锁触头。继电接触控制电路，通过接触器、继电器之间的相互联锁，可以实现多台设备按生产工艺进行工作，是实现自动控制及保护的重要环节。

本实验通过三相异步电动机正、反转控制电路，说明联锁环节的作用。

要改变三相异步电动机的旋转方向，只需改变引入三相异步电动机的三相电源的相序即可。这可以通过两个接触器来实现，如图6-6所示，按下启动按钮 SB_2，接触器 KM_1 线圈通电并自锁，主触头 KM_1 闭合，电动机按正相序正向运转。如果按下启动按钮 SB_3，接触器 KM_2 线圈通电并自锁，主触头 KM_2 闭合，电动机因 L_1、L_2 两相与电机接线换相，电机按反相序运转。但是，这个电路存在一个非常严重的问题。即当电动机正转运行时，如果再按 SB_3，则会出现 KM_1 和 KM_2 同时得电闭合的情况，这会造成 L_1 和 L_2 两相电源短路的故障，因此必须严加防范，必须设法使两个接触器在任何情况下都不同时通电。我们可以利用两只接触器的常闭辅助触头 KM_1 和 KM_2，如图6-7那样串联到对方接触器线圈所在的支路里，当正转接触器 KM_1 通电时，串联在反转接触器线圈 KM_2 支路中的常闭触头已经断开，从而切断了 KM_2 支路，这时即使按下反转启动按钮 SB_3，线圈 KM_2 也不会通电。同理，在反转接触器 KM_2 通电时，即使按下正转启动按钮 SB_2，线圈 KM_1 也不会通电，从而保证了电路的正常工作。

带互锁的控制电路的动作过程如下：

（1）正转控制：合上电源开关 QS，按正转启动按钮 SB_2，正转控制回路接通，KM_1 的线圈通电动作，其常开触头闭合自锁，常闭触头断开并实现对 KM_2 的联锁，同时 KM_1 主触头闭合，主电路按 U、V、W 相序接通，电动机正转。

（2）反转控制：要使电动机改变转向（即由正转变为反转）时，应先按下停止按钮 SB_1，使正转控制电路断开，电动机停转，然后才能使电动机反转。因为反转控制回路中串联了正转接触器 KM_1 的常闭触头，当 KM_1 通电工作时，它是断开的，若这时直接按反转按钮 SB_3，反转接触器 KM_2 是无法通电的，电动机也就得不到电源，故电动机仍然保持正转状态，不会反转。电机停转后按下 SB_3，反转接触器 KM_2 通电动作，其主触头闭合，主电路按 W、V、U 相序接通，电动机的电源相序改变了，故电动机作反向旋转。

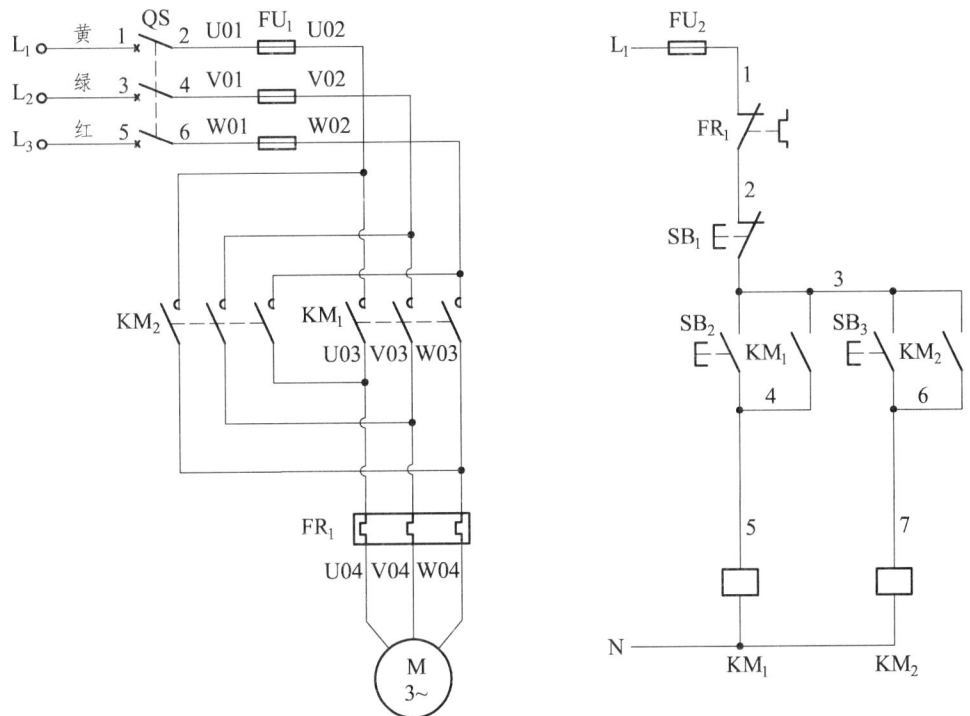

图 6-6 不带互锁的正、反转控制电路

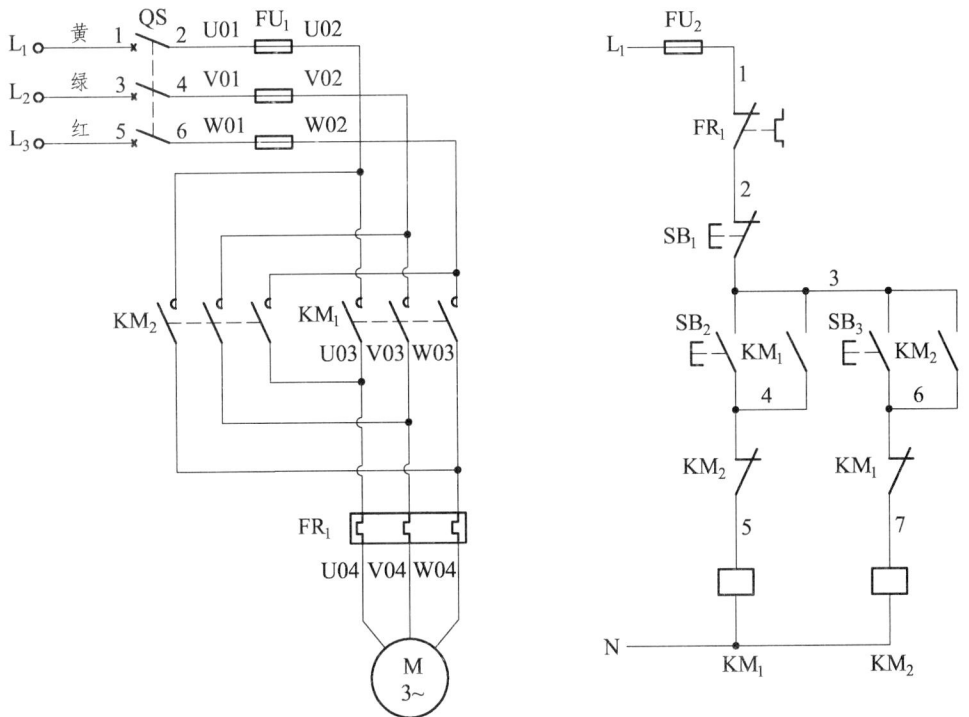

图 6-7 带互锁的正、反转控制电路

三、实验设备

需要挂件为：DGKH-11（提供三相空气开关和保险管），DGKH-05（提供交流接触器），DGKH-04（提供按钮），DGKH-06（提供热继电器）。

四、检查与调试

仔细确认接线正确后，可接通交流电源，合上开关 QS，按下 SB_2，电机应正转（电机右侧的轴伸端为顺时针转，若不符合转向要求，可停机，换接电机定子绕组任意两相接线即可）。按下 SB_3，电机仍应正转。如要电机反转，应先按 SB_1，使电机停转，然后再按 SB_3，则电机反转。若不能正常工作，则应分析并排除故障，使线路能正常工作。

五、实验内容

按图 6-7 所示接好一、二次线路，给整个装置通电并按相应的按钮，观察电机的运行情况。

实验 7 按钮联锁的三相异步电动机正、反转控制

一、实验目的

（1）掌握用开关实现联锁的三相异步电动机正、反转控制电路的工作原理。
（2）熟悉实际电路的接线。

二、实验原理

用按钮开关实现联锁的三相异步电动机正、反转控制电路如图 6-8 所示。

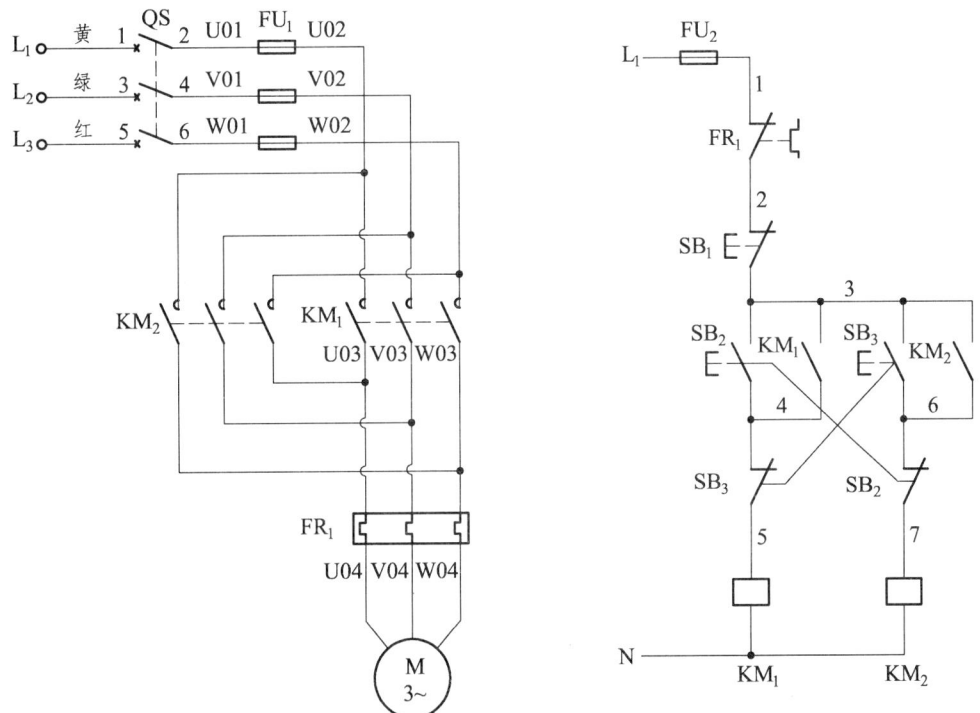

图 6-8 用按钮开关实现联锁的三相异步电动机正、反转控制电路

控制电路的动作过程如下：

（1）正转控制：合上电源开关 QS，按正转启动按钮 SB_2，正转控制回路接通，KM_1 的线圈通电动作，KM_1 常开触头闭合自锁，按钮 SB_2 常闭触头断开实现对 KM_2 的联锁，同时 KM_1 主触头闭合，主电路按 U、V、W 相序接通，电动机正转。

（2）反转控制：要使电动机改变转向（即由正转变为反转）时可以直接按 SB_3 按钮，不需要按停止 SB_1，因为在控制回路中串入的是按钮的常闭触头。但是这种控制方式不是很安全，如果按钮的常闭触头坏了，容易造成主电路 KM_1 和 KM_2 同时得电，导致电路短路。

正确的动作过程是，按下停止按钮 SB_1，待电机停转后按反转按钮 SB_3，反转控制回路接通，KM_2 的线圈通电动作，KM_2 常开触头闭合自锁，SB_3 按钮常闭触头断开实现对 KM_1 的联

锁,同时 KM$_2$ 主触头闭合,主电路按 W、V、U 相序接通,电动机反转。

三、实验设备

需要挂件为:DGKH-11(提供三相空气开关和保险管),DGKH-05(提供交流接触器),DGKH-04(提供按钮),DGKH-06(提供热继电器)。

四、检查与调试

仔细确认接线正确后,可接通交流电源,合上开关 QS,按下 SB$_2$,电机应正转(电机右侧的轴伸端为顺时针转;若不符合转向要求,可停机,换接电机定子绕组任意两个接线即可)。按下 SB$_3$,电机应反转。若不能正常工作,则应分析并排除故障,使线路能正常工作。

五、实验内容

按图 6-8 所示接好一、二次线路,给整个装置通电并按相应的按钮,观察电机的运行情况。

实验 8 双重联锁的三相异步电动机正、反转控制

一、实验目的

（1）掌握双重联锁的三相异步电动机正、反转控制电路的工作原理。
（2）熟悉实际电路的接线。
（3）进一步理解电机、接触器等的工作原理。

二、实验原理

双重联锁的三相异步电动机正、反转控制电路如图 6-9 所示。

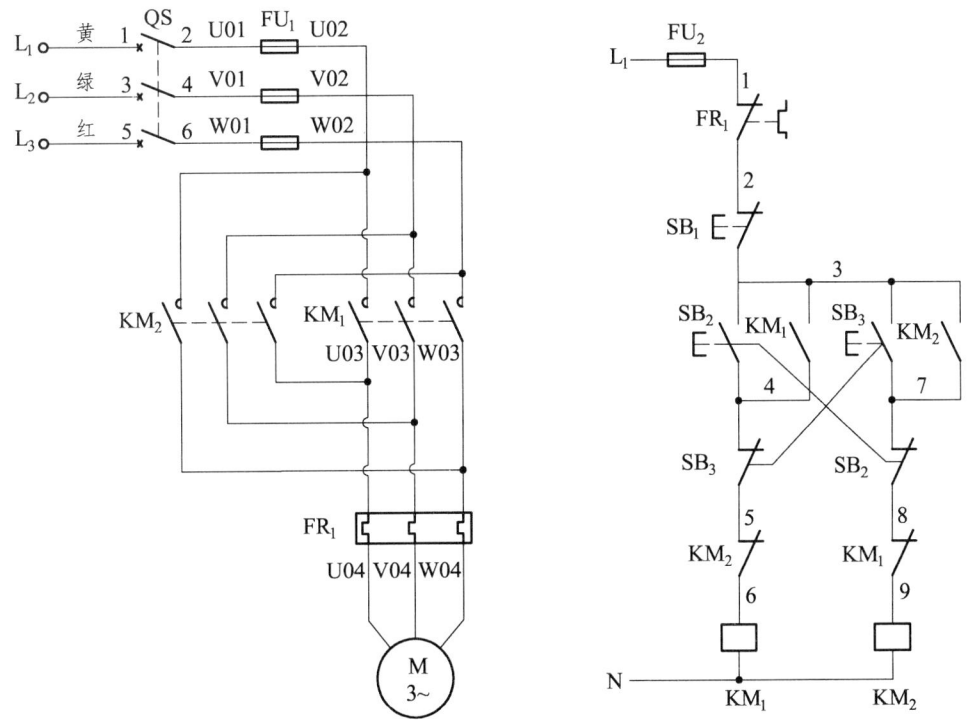

图 6-9 双重联锁的三相异步电动机正、反转控制电路

采用双重联锁控制正反转的三相异步电动机，当需要改变电动机的转向时，只要直接按反转按钮就可以了，不必先按停止按钮。这是因为双重联锁控制线路集中了按钮联锁和接触器联锁的优点，故具有操作方便和安全可靠等优点，为电力拖动设备中所常用。

三、实验设备

需要挂件为：DGKH-11（提供三相空气开关和保险管），DGKH-05（提供交流接触器），DGKH-04（提供按钮），DGKH-06（提供热继电器）。

四、检测与调试

确认接线正确后,接通交流电源,按下 SB_2,电机应正转;按下 SB_3,电机应反转;按下 SB_1,电机应停转。若不能正常工作,则应分析并排除故障。

五、实验内容

按图 6-9 所示接好一、二次线路,给整个装置通电并按相应的按钮,观察电机的运行情况。

实验 9　　三相异步电动机 Y-△ 降压启动手动控制

一、实验目的

（1）掌握三相异步电动机 Y-△启动自动控制电路的工作原理。
（2）熟悉实际电路的接线。

二、实验原理

三相异步电动机启动时，旋转磁场以最大相对转速切割转子导体，在转子中产生的感生电动势很高，所以转子电流极大，反应到原边，定子电流可达额定电流的 4~7 倍。启动电流大会造成电网电压的波动，影响接在同一电网中的其他用电设备的正常工作，频繁启动的电机会因启动电流的频繁冲击而发热。因此对于较大容量的电机必须设法减小启动电流。Y-△变换启动就是一种常用的启动方法，Y-△变换启动只适用于电动机正常运行时绕组为三角形接法的电动机。启动时，先将电机绕组进行星形（Y）连接，启动后再换接成三角形（△）连接。Y-△变换启动控制电路原理如图 6-10 所示。

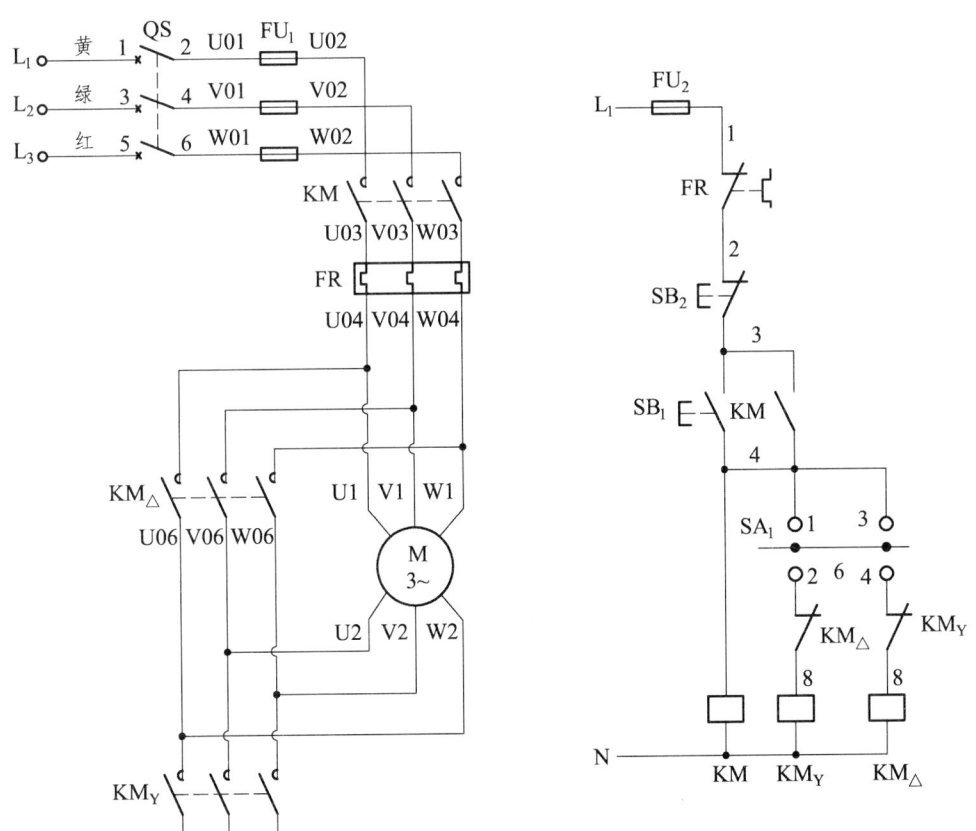

图 6-10　三相异步电动机 Y-△ 降压启动手动控制电路

Y-Δ 启动是指：为了减少电动机启动时的电流，将正常工作接法为三角形的电动机，在启动时改为星形接法。此时启动电流降为原来的 1/3，启动转矩也降为原来的 1/3。线路的动作过程为：按下启动按钮 SB_1 后，把切换开关 SA_1 切换到左边档位，此时 SA_1 的 1、2 脚接通，电机定子绕组为星形接法；把切换开关 SA_1 切换到右边档位，此时 SA_1 的 3、4 脚接通，电机定子绕组为三角形接法。

三、实验设备

需要挂件为：DGKH-11（提供三相空气开关和保险管），DGKH-05（提供交流接触器），DGKH-04（提供按钮和转换开关），DGKH-06（提供热继电器）。

四、检查与调试

确认接线正确方可接通交流电源，合上开关 QS，按下 SB_1，切换 SA_1 的档位，控制线路的动作过程应按原理所述。若操作中发现有不正常现象，应断开电源分析排除故障后重新操作。

五、实验内容

按图 6-10 所示接好一、二次线路，给整个装置通电并按相应的按钮，观察电机的运行情况。

实验 10 三相异步电动机 Y-Δ 降压启动自动控制

一、实验目的

（1）掌握三相异步电动机 Y-△ 降压启动自动控制电路的工作原理。
（2）熟悉实际电路的接线。
（3）进一步理解电机、接触器和时间继电器等的工作原理。

二、实验原理

Y-△启动控制电路应具有如下功能：电路中具有短路、过载保护；按下按钮后，控制电路先将电机换成 Y 接法，电机接近额定转速时，自动将电机换成△接法；电机启动后时间继电器要与电路切断。具体实用电路如图 6-11 所示。

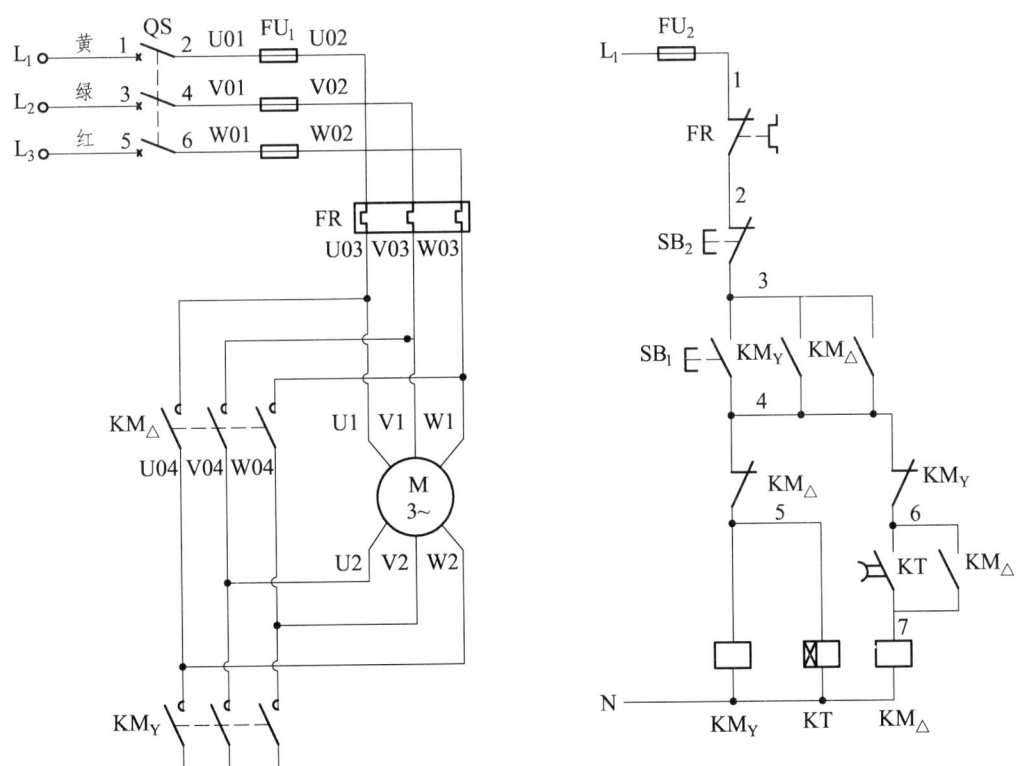

图 6-11 三相异步电动机 Y-△ 降压启动自动控制电路

主回路包括起短路保护作用的熔断器 FU_1，起过载保护的热继电器发热元件 FR。负荷开关 QS 闭合后向整个电路提供电源；如果接触器常开触头 $KM_△$ 断开、常开触头 KM_Y 闭合，则三相定子绕组的三个末端接在一起，电动机接成星形；如果接触器常开触头 KM_Y 断开、$KM_△$ 闭合，则三相定子绕组接成三角形；在 KM_Y 或 $KM_△$ 闭合的情况下，则电机作 Y 接启动或△接运转。

在控制电路中有时间继电器的线圈 KT，当其通电时，常闭触头将延时断开。当按下启动按钮 SB_1 时，时间继电器线圈 KT 和接触器线圈 KM_Y 同时得电，KM_Y 的常开触头闭合。电机接成星形，电动机作星形接法启动。

为了防止此时 $KM_\triangle$ 线圈得电造成电源短路故障，在 $KM_\triangle$ 线圈电路中串有 KM_Y 接触器的常闭触头，当 KM_Y 常开闭合时，KM_Y 常闭触头是断开的。经过预先设定好的延时后，时间继电器常开触头 KT 闭合，使接触器 $KM_\triangle$ 线圈得电。$KM_\triangle$ 线圈得电后，它的常开触头闭合，实现自锁；常闭触头断开，切断了时间继电器线圈电路，使时间继电器停止工作，切断 KM_Y 线圈电路。此时 $KM_\triangle$ 的主触头闭合，KM_Y 的主触头断开，电动机作三角形连接，并在全压下运转，实现了 Y-△ 自动换接的降压启动。

按下停止按钮 SB_2，线圈 KM_Y 及 $KM_\triangle$ 均失电，其主触头及自锁触头断开，电动机停车。线路的动作过程如图 6-12 所示。

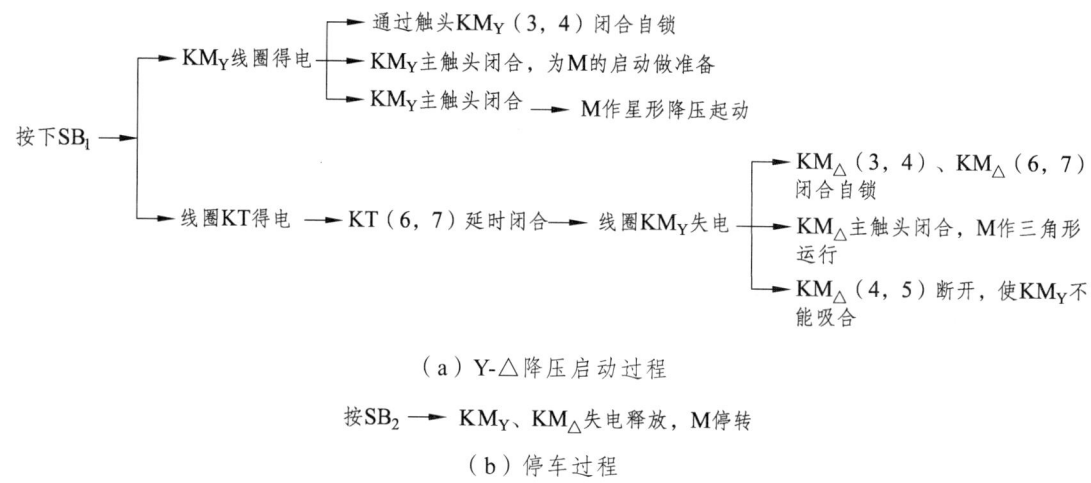

图 6-12　三相异步电动机 Y-△ 降压启动自动控制线路动作过程

三、实验设备

需要挂件为：DGKH-11（提供三相空气开关和保险管），DGKH-05（提供交流接触器），DGKH-04（提供按钮），DGKH-06（提供热继电器和时间继电器），主控台面板上智能功率因数表头（提供电流表），交流电压表头。

四、检查与调试

确认接线正确方可接通交流电源，合上开关 QS，按下 SB_1，控制线路的动作过程应按原理所述。若操作中发现有不正常现象，应断开电源，分析排除故障后重新操作。

五、实验内容

按照图 6-11 所示接好一、二次线路，给整个装置通电并按相应的按钮，观察电机的运行情况。

实验 11　三相异步电动机两地启停控制

一、实验目的

（1）掌握三相异步电机两地启、停控制电路的工作原理。
（2）熟悉实际电路的接线。

二、实验原理

三相异步电动机两地启、停控制电路如图 6-13 所示。

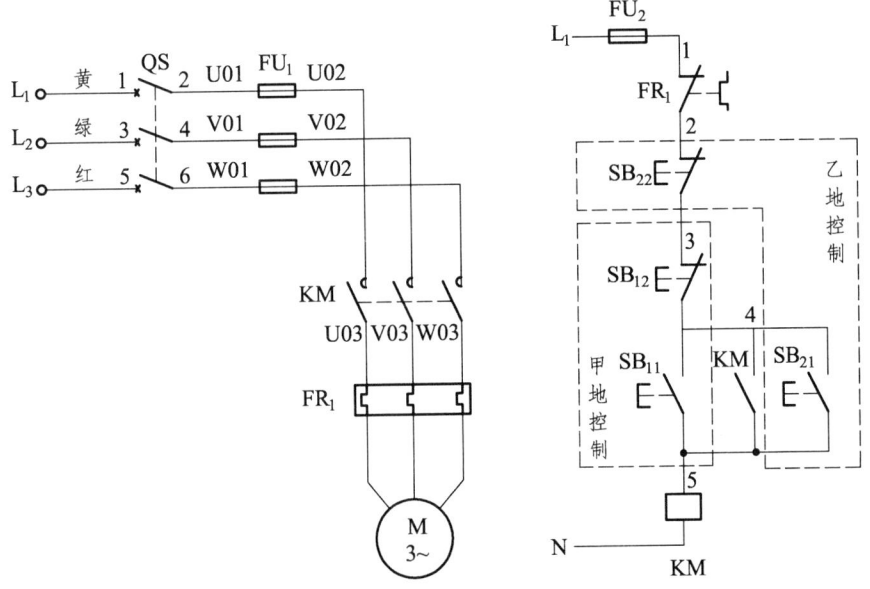

图 6-13　三相异步电动机两地启停控制电路

该电路图中，SB_{11} 和 SB_{12} 为甲地的启动和停止按钮；SB_{21} 和 SB_{22} 为乙地的启动和停止按钮。它们可以分别在两个不同地点控制接触器 KM 的接通和断开，达到实现两地控制同一电动机启、停的目的。

两地控制的原理是，将启动按钮的常开触点并联接入控制回路中，将停止按钮的常闭触点串联接入控制回路中。

三、实验设备

需要挂件为：DGKH-11（提供三相空气开关和保险管），DGKH-05（提供交流接触器），DGKH-04（提供按钮），DGKH-06（提供热继电器）。

四、检查与调试

确认接线正确方可接通交流电源，合上开关 QS，按下 SB_{11} 和 SB_{21} 都可启动电机，按下 SB_{12} 和 SB_{22} 可停止电机，控制线路的动作过程应按原理所述，若操作中发现有不正常现象，应断开电源分析排除故障后重新操作。

五、实验内容

按照原理图 6-13 所示接好一、二次线路，给整个装置通电并按相应的按钮，观察电机的运行情况。

实验 12　三相异步电动机多地启停控制

一、实验目的

（1）掌握多地控制电动机启停的控制电路工作原理。
（2）熟悉实际电路的接线。

二、实验原理

三相异步电动机多地控制电路如图 6-14 所示。

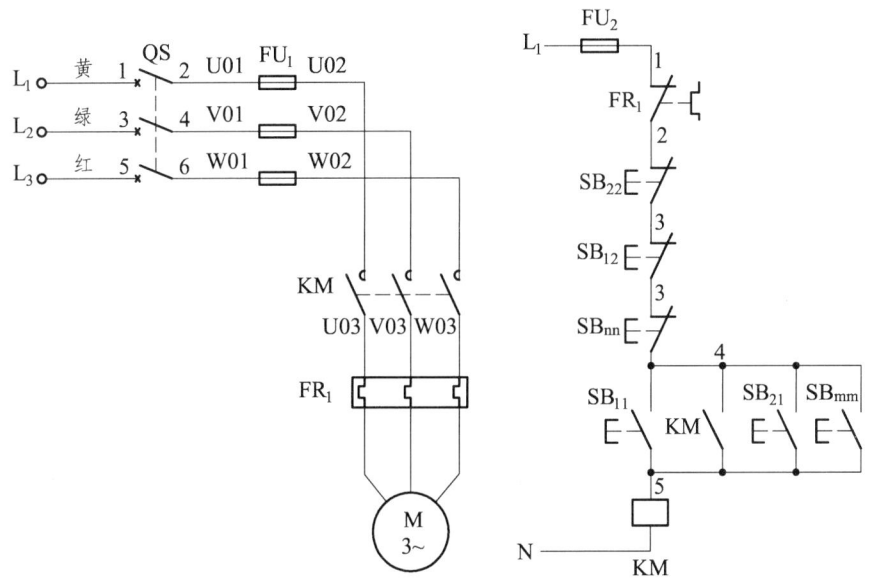

图 6-14　三相异步电动机多地控制电路

该电路图中，SB_{11} 和 SB_{12} 为甲地的启动和停止按钮；SB_{21} 和 SB_{22} 为乙地的启动和停止按钮。SB_{mm} 和 SB_{nn} 分别表示其他任意一地的启动和停止按钮。它们可以分别在不同地点控制接触器 KM 的接通和断开，达到实现多地控制同一电动机启、停的目的。

多地控制的原理是，将各启动按钮的常开触点并联接入控制电路中，将各停止按钮的常闭触点串联接入控制电路中。

三、实验设备

需要挂件为：DGKH-11（提供三相空气开关和保险管），DGKH-05（提供交流接触器），DGKH-04（提供按钮），DGKH-06（提供热继电器）。

四、实验内容

按照原理图 6-14 所示接好一、二次线路，给整个装置通电并按相应的按钮，观察电机的运行情况。

实验 13　三相异步电动机能耗制动控制

一、实验目的

（1）掌握三相异步电动机能耗制动控制电路的工作原理。
（2）熟悉实际电路的接线。
（3）进一步理解电机、接触器和时间继电器等的工作原理。

二、实验原理

能耗制动是电机拖动系统中一种常用的制动方式，通常用于电机及拖动系统的尽快停车。三相异步电动机的能耗制动，是通过在电动机切断交流电源后，立即向定子绕组通入直流电流实现的。直流电流通入定子绕组后在空中产生方位固定的磁场，由于储存有动能而继续旋转的转子与磁场相切割，在电动机转子中产生感生电动势和感生电流。直流电流所建立的磁场与转子感生电流相互作用，产生与转子旋转方向相反的制动力矩，使转子尽快停止运转。

1. 采用直流电源进行能耗制动控制

三相异步电动机采用直流电源进行能耗制动控制的电路如图 6-15 所示。该电路采用 24 V 恒压电源作为能耗制动的直流电源，采用时间继电器 KT 对制动时间进行控制。KM_1 为运动接触器，KM_2 为制动接触器。

该控制线路简单，附加设备少，体积小，采用 24 V 恒压电源作为能耗制动的直流电源。

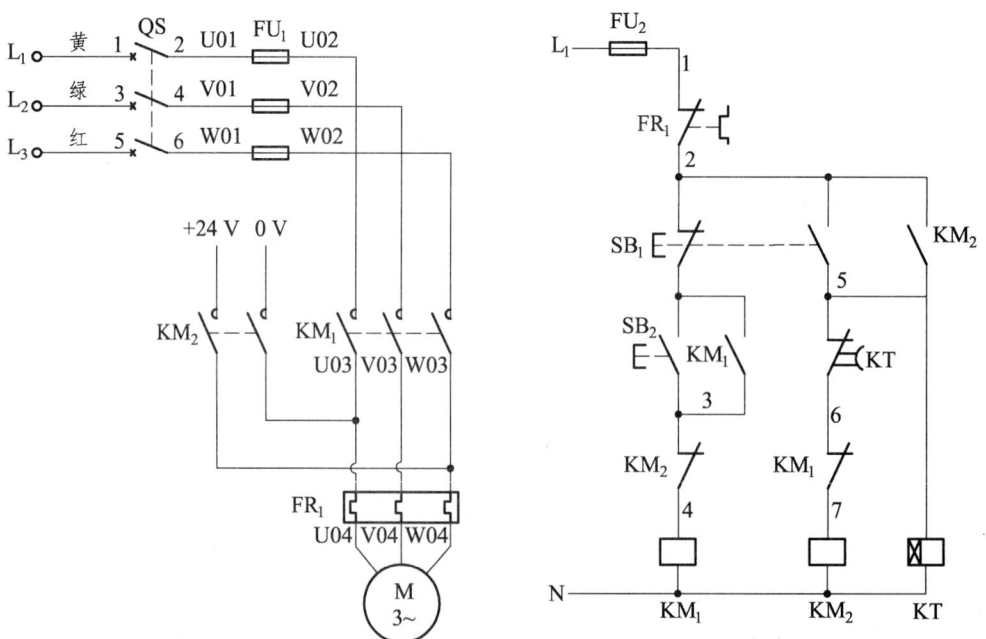

图 6-15　三相异步电动机采用直流电源进行能耗制动控制的电路

2. 半波整流能耗制动控制

三相异步电动机半波整流能耗制动控制电路如图 6-16 所示，该电路采用无变压器的单管半波整流电路提供直流电源，采用时间继电器 KT 对制动时间进行控制。

KM_1 为运动接触器，KM_2 为制动接触器，KM_2 的两对主触头接至电动机定子绕组两相，并由另一相绕组、KM_2 的另一对主触头、再经整流二极管 VD 和限流电阻 R 接至零线，构成工作回路。

该控制线路适用于 10 kW 以下电动机。这种线路简单，附加设备较少，体积小，采用一只二极管半波整流器作为直流电源。

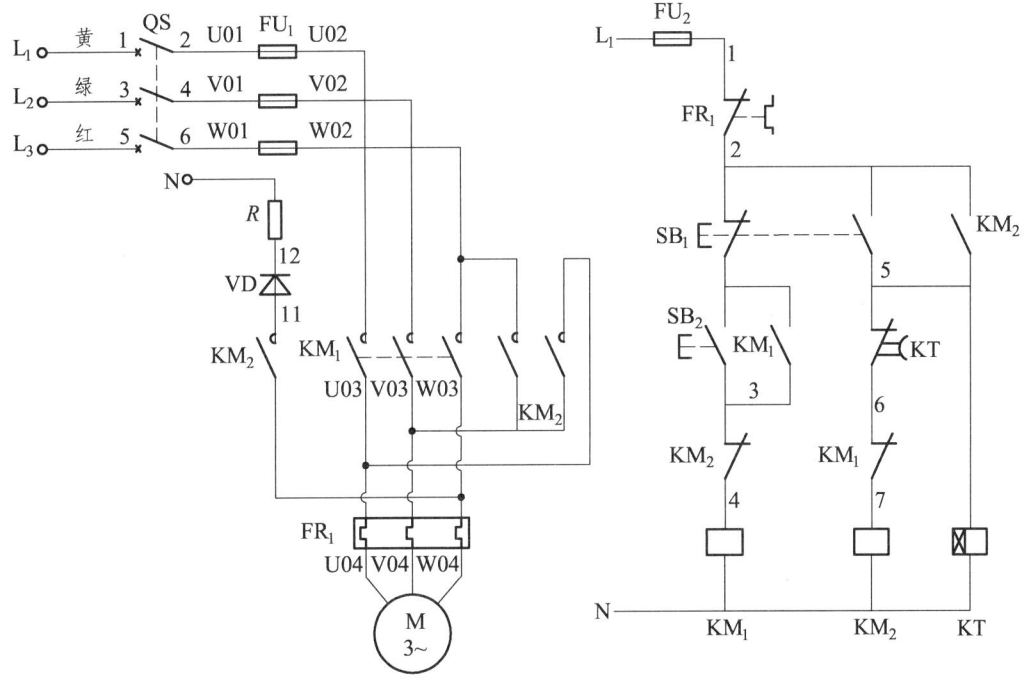

图 6-16 三相异步电动机半波整流能耗制动控制电路

3. 全波整流能耗制动控制

三相异步电动机全波整流能耗制动控制电路如图 6-17 所示。图中，KM_1 为单向运行接触器，KM_2 为能耗制动接触器，KT 为控制能耗制动时间的通电延时时间继电器，VC 为桥式整流电路。正常运行时，接触器 KM_1 的主触头闭合接通三相电源，电动机启动运行，KM_2、KT 不工作。停车制动时，KM_1 不工作，KM_2 及 KT 工作，由变压器和整流元件构成的整流装置提供直流电源，KM_2 将直流电源经可变电阻 RP 接入电动机定子绕组的 V、W 相。

该控制线路适用于 10 kW 以上功率较大的电动机的能耗制动，控制线路中的直流电源由单相桥式整流器供给，可变电阻 RP 用以调节电流，从而调节制动强度。

三、实验设备

需要挂件为：DGKH-11（提供三相空气开关和保险管），DGKH-05（提供交流接触器），

DGKH-04（提供按钮），DGKH-06（提供热继电器和时间继电器），控制台面板上斜面功率电阻 R 和 4 支 VD 整流器。

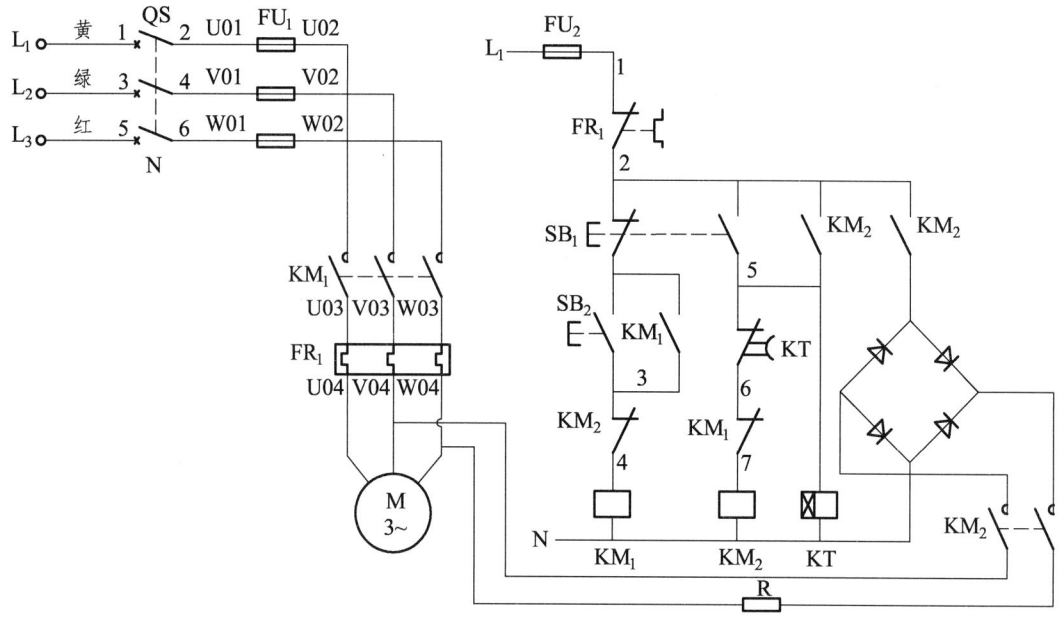

图 6-17　三相异步电动机全波整流能耗制动控制电路

四、检查与调试

确认接线正确后，可接通交流电源自行操作。若操作中发现有不正常现象，应断开电源分析排故后重新操作。

五、实验内容

1. 采用直流电源进行能耗制动控制

（1）按照图 6-18 所示接好线路，按下启动按钮 SB_1 使电动机正常运转，然后按停止按钮 SB_2，观察并测量电机停止运转所用的时间（最好用秒表测出自有停车所用的时间）。

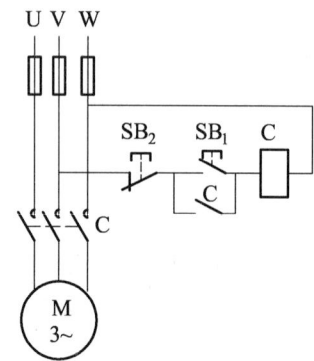

图 6-18　测量自由停车所用时间的启停控制电路

（2）将直流电源的输出电压通过接触器 KM$_2$ 的常开触头接到三相异步电动机的两根相线上。当接触器 KM$_2$ 线圈得电时，接触器常开触头闭合，可向定子绕组通入直流电。

（3）按图 6-15 所示接线，先按照自由停车所需时间整定时间继电器延迟时间，并启动电机；电机正常运转之后，按动停止按钮 SB$_1$，观察并测量能耗制动所需要的时间，再与自由停车所用时间进行比较，说明能耗制动的作用。然后，再按照能耗制动所需要的时间整定时间继电器延迟时间，使电机一旦停止，时间继电器即可切断直流电源。

2. 半波整流能耗制动控制

（1）按照图 6-18 所示接好线路，按下启动按钮 SB$_1$ 使电动机正常运转，然后按停止按钮 SB$_2$，观察并测量电机停止运转所用的时间（最好用秒表测出自有停车所用的时间）。

（2）将单相交流电压接到调压器的输入端，调压器输出端接到由 VD 和 R 组成的半波整流电路上，将直流输出电压通过接触器 KM$_2$ 的常开触头接到三相异步电动机的两根相线上。当接触器 KM$_2$ 线圈得电时，接触器常开触头闭合，即可向定子绕组通入直流电。

（3）按图 6-16 所示接线，先按照自由停车所需时间整定时间继电器延迟时间，并启动电机；电机正常运转之后，按动停止按钮 SB$_1$，观察并测量能耗制动所需要的时间，再与自由停车所用时间进行比较，说明能耗制动的作用。然后，再按照能耗制动所需要的时间整定时间继电器延迟时间，使电机一旦停止，时间继电器即可切断直流电源。

3. 全波整流能耗制动控制

（1）按照图 6-18 所示接好一、二次线路，按下启动按钮 SB$_1$ 使电动机正常运转，然后按停止按钮 SB$_2$，观察并测量电机停止运转所用的时间（最好用秒表测出自有停车所用的时间）。

（2）将单相交流电压接到调压器的输入端，调压器输出端接到上整流桥 VC 上，将直流输出电压通过接触器 KM$_2$ 的常开触头接到三相异步电动机的两根相线上。当接触器 KM$_2$ 线圈得电时，接触器常开触头闭合，即可向定子绕组通入直流电。

（3）按图 6-17 所示接线，先按照自由停车所需时间整定时间继电器延迟时间，并启动电机；电机正常运转之后，按动停止按钮 SB$_1$，观察并测量能耗制动所需要的时间，再与自由停车所用时间进行比较，说明能耗制动的作用。然后，再按照能耗制动所需要的时间整定时间继电器延迟时间，使电机一旦停止，时间继电器即可切断直流电源。

实验 14　工作台自动往返控制

一、实验目的

掌握工作台自动往返控制电路的基本原理、安装及调试技能。

二、实验原理

工作台自动往返控制电路如图 6-19 所示，主要由四个行程开关来进行控制与保护。其中 SQ_1、SQ_2 装在机床床身上，用来控制工作台的自动往返；SQ_3 和 SQ_4 用来作终端保护，即限制工作台的极限位置。在工作台的 T 形槽中装有挡块，当挡块碰撞行程开关后，能使工作台

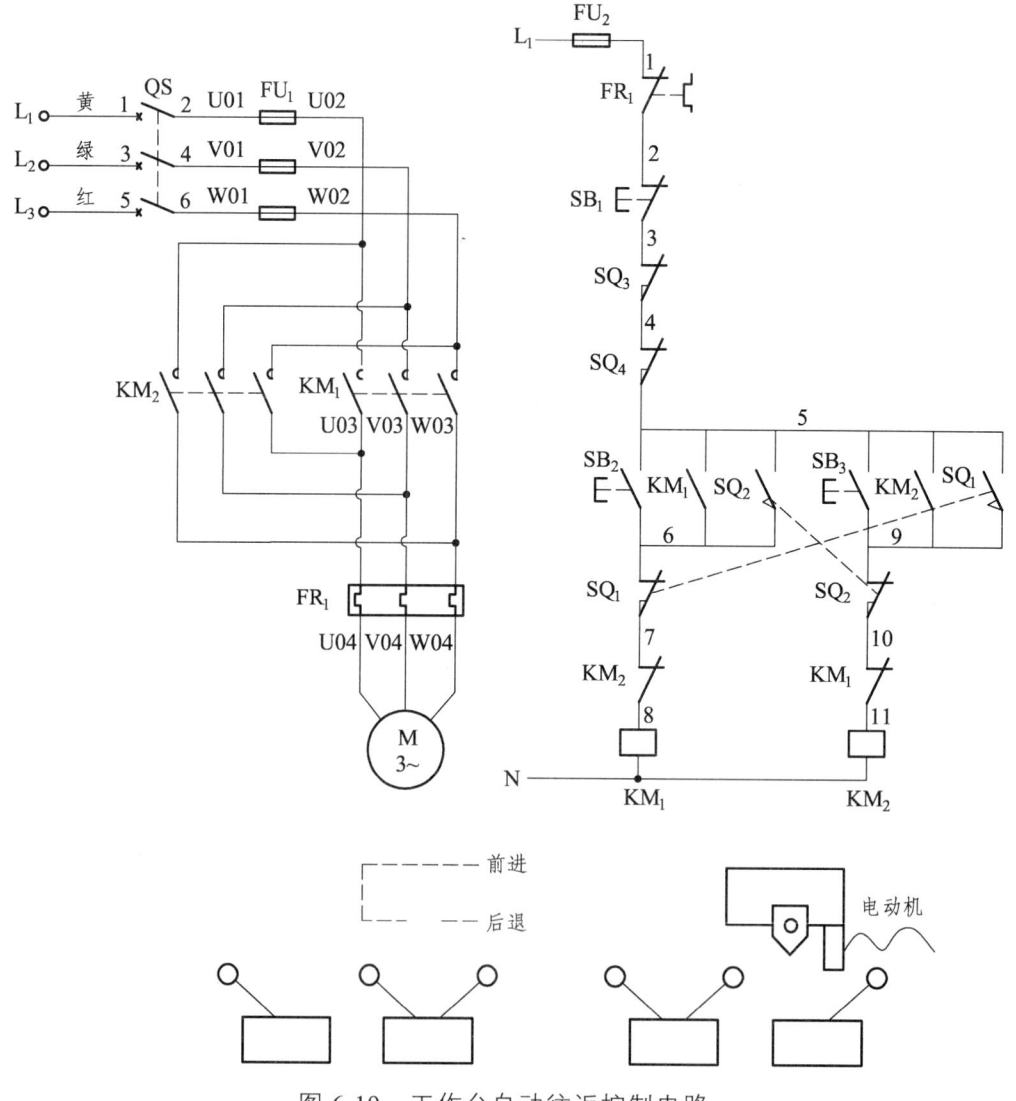

图 6-19　工作台自动往返控制电路

停止和换向，工作台就能实现往返运动。工作台的行程可通过移动挡块位置来调节，以适应加工不同的工件。

图中的 SQ_3 和 SQ_4 分别安装在向左或向右的某个极限位置上。当 SQ_1 或 SQ_2 失灵时，工作台会继续向左或向右运动，当工作台运行到极限位置时，挡块就会碰撞 SQ_3 或 SQ_4，从而切断控制线路，迫使电机 M 停转，工作台就停止移动。SQ_3 和 SQ_4 实际上起终端保护作用，因此称为终端保护开关或简称终端开关。

该线路的工作原理简述如下：

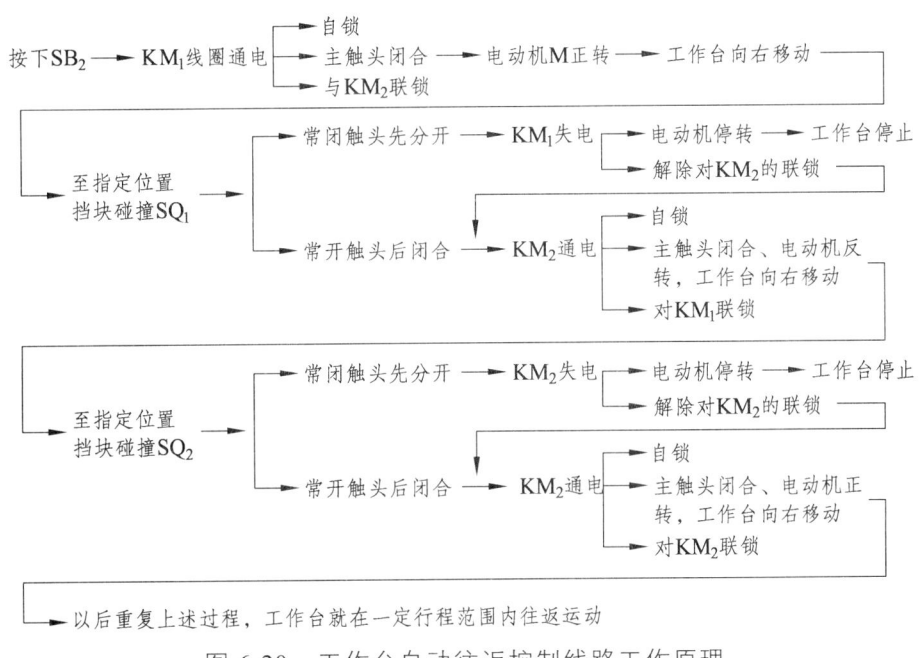

图 6-20 工作台自动往返控制线路工作原理

三、实验设备

需要挂件为：DGKH-11（提供三相空气开关和保险管），DGKH-05（提供交流接触器），DGKH-04（提供按钮和切换开关和指示灯），DGKH-06（提供热继电器），KH-07（提供行程开关）。

四、调试与测试

按 SB_2，观察并调整电动机 M 为正转（模拟工作台向右移动），用手代替挡块按压 SQ_1 并使其自动复位，电动机先停转再反转（反转模拟工作台向左移动）；用手代替挡块按压 SQ_2 再使其自动复位，则电动机先停转再正转。以后重复上述过程，电动机都能正常正、反转。若拨动 SQ_3 或 SQ_4 极限位置开关，则电机应停转。若不符合上述控制要求，则应分析并排除故障。

实验 15　　三相异步电动机的顺序控制

一、实验目的

（1）掌握三相异步电动机顺序控制的工作原理。
（2）熟悉实际电路的接线。
（3）进一步理解电机、接触器等的工作原理。

二、实验原理

三相异步电动机顺序控制的电气原理图如图 6-21 所示。在生产机械中，有时要求电动机间的启动、停止必须满足一定的顺序，如主轴电动机的启动必须在油泵启动之后，钻床的进给必须在主轴旋转之后，等等。顺序控制可以在主电路实现，也可以在控制电路实现。

图 6-21（b）中，接触器 KM_1 的另一对常开触头串联在接触器 KM_2 线圈的控制电路中，必须按下 SB_{11} 使电机 M_1 启动运转，再按下 SB_{21}，电机 M_2 才会启动运转；若要停止 M_2 电机，则只要按下 SB_{12} 即可。

图 6-21（c）中，由于在 SB_{12} 停止按钮两端并联了一个接触器 KM_2 的常开辅助触头（线号为 3、4），所以只有先使接触器 KM_2 线圈失电，即电动机 M_2 停止，同时 KM_2 常开辅助触头断开，然后才能按 SB_{12} 达到断开接触器 KM_1 线圈电源的目的，使电动机 M_1 停止。这种顺序控制线路的特点是：使两台电动机依次顺序启动，而逆序停止。

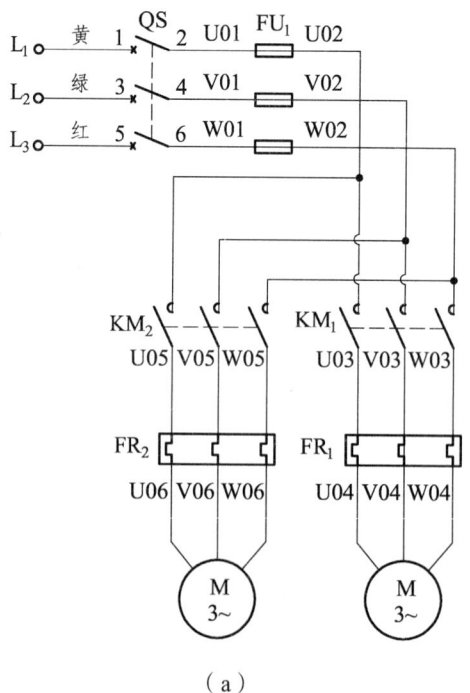

（a）

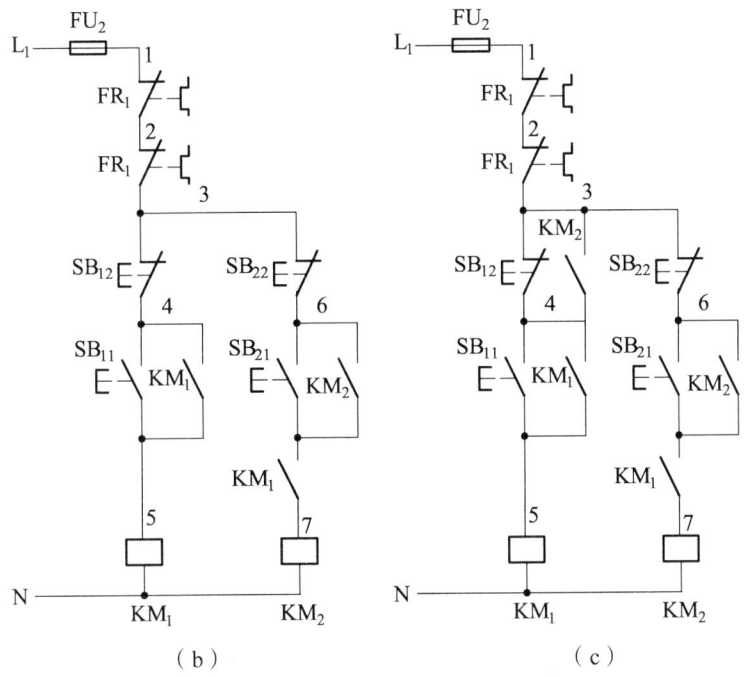

图 6-21 电动机的顺序控制电路

三、实验设备

需要挂件为：DGKH-11（提供三相空气开关和保险管），DGKH-05（提供交流接触器），DGKH-04（提供按钮），DGKH-06（提供热继电器）。

四、实验内容

按照图 6-21 所示接好一、二次线路，给整个装置通电并按相应的按钮，观察电机的运行情况。

第 7 章　DJ 系列传感器实验

实验 1　传感器数据采集系统软件的使用和安装

一、系统说明

DJCGQ 型传感器与检测技术实验台，主要用于各大专院校、中专及职业技术院校开设的"自动检测技术""传感器原理与技术""工业自动化控制""非电量电测技术"等课程的教学实验。它是采用最新推出的模块化结构的产品。实验台上采用的大部分传感器虽然是教学传感器（透明结构便于教学），但其结构与线路是工业应用的基础。希望通过实验帮助广大学生加强对书本知识的理解，并在实验的进行过程中通过信号的拾取、转换、分析，掌握作为一个科技工作者应具有的基本的操作技能与动手能力。

本传感器与检测技术实验台由主机箱、温度源、转动源、振动源、传感器、相应的实验模板、数据采集卡及处理软件、实验桌等组成。

（1）主机箱：提供高稳定的±15 V、±4 V、±6 V、±8 V、2～24 V（连续可调），-2～24 V（连续可调）直流稳压电源；直流恒流源 0～20 mA 可调；音频信号源（音频振荡器）200 Hz～20 kHz（连续可调）；低频信号源（低频振荡器）1～50 Hz（连续可调）；智能调节仪（器）；计算机通信口；主控箱面板上装有电压、频率、转速、漏电保护开关等。其中，直流稳压电源、音频振荡器、低频振荡器都具有过载切断保护功能，在排除接线错误后重新开机一下才能恢复正常工作。

（2）振动源：振动台振动频率 1～30 Hz 可调（谐振频率 8-12 Hz）。

（3）转动源：控制 0～2400 r/min。

（4）温度源：常温～120 ℃。

（5）传感器：基本型有电阻应变式传感器、扩散硅压力传感器、差动变压器、电容式位移传感器、霍尔式位移传感器、霍尔式转速传感器、磁电转速传感器、电涡流传感器、光纤传感器、光电转速传感器（光电断续器）、集成温度传感器、K 型热电偶、E 型热电偶、Pt100 铂电阻、Cu50 铜电阻、湿敏传感器、气敏传感器、热释红外管。

二、系统安装

（1）点击 DJCGQ.EXE，按照安装说明将数据采集系统安装完毕。

点击桌面的快捷方式，进入传感器采集系统。

进入实验界面，右上角有"实验项目"，点击打开下拉菜单，选择相应的实验。

中间的"采样电压"，显示当前采集到的电压。

采样前先将相关的参数设置好。先设置采样模式为单次，根据实际使用的情况选取采样通道号和串口号，点击"打开串口"按钮后，部分原来不可用的按钮变为可用，下位机开始等待接收采集数据的命令。点击"单次"按钮一次，系统自动采集数据一次，并自动填表。信号衰减是指取被采样信号的几分之一。点击"复位"后实验重新开始采集，并清空表格（实验时要注意）。点击"保存表格"是将表格中的数据存入当前文件夹中，文件名为 ex+实验序号，后缀为.cgq。

曲线图的使用操作：在曲线图上面有一排按钮，我们可以在实验中灵活地使用，方便观察图片。鼠标放在按钮上时有提示说明。

按钮 🔍：点击后可以将曲线图放大。

按钮 🔍：点击后可以将曲线图缩小。

按钮 🗔：点击后，弹出对话框，对曲线图的坐标进行设置。

采样前请先设置好参数后再打开串口，更换通道时先要关闭通道，所有采样及数字输入/输出控制都要先打开串口方可响应。

也可以用鼠标按住 X、Y 轴拖动坐标轴。

（2）友情提示：如果信号太小不易测量时，请将被测信号经 14 号模块的放大电路放大后再测 14 号模块的 VO2 输出端电压或波形。14 号模块是差动放大电路，如果被测信号不是差分信号，可将信号的正端接 VIN+，VIN-接地，并且被测模块要和 14 号模块共地。

三、注意事项

（1）在实验前务必详细阅读实验指南。

（2）严禁用酒精、有机溶剂或其他具有腐蚀性的溶液擦洗主控箱的面板和实验模板面板。

（3）严禁将主控箱的电源、信号源输出端与地（⊥）短接，因短接时间长易造成电路故障。

（4）严禁将主控箱的正、负电源引入实验模板时接错。

（5）在更换接线时应断开电源，只有在确保接线无误后方可接通电源。

（6）实验完毕后，请将传感器及实验模板放回原处。

（7）实验接线时应握住手柄插拔实验线，不能拉扯实验线。

（8）如果实验台长期未通电使用，在实验前应先通电预热 10 min，再按一次漏电保护按钮检查是否有效。

注：因仪器不断升级及更新，请以实物配置为准。

实验 2 　　激励频率对差动变压器特性的影响测试

一、实验目的

了解初级线圈激励频率对差动变压器输出性能的影响。

二、实验原理

差动变压器输出电压的有效值可以近似用下列关系式表示

$$U_\text{o} = \frac{\omega(M_1 - M_2)U_\text{i}}{\sqrt{R_\text{p}^2 + \omega^2 L_\text{p}^2}}$$

式中，L_p、R_p 为初级线圈电感和损耗电阻，U_i、ω 为激励电压和频率，M_1、M_2 为初级与两次级间互感系数。由关系式可以看出，当初级线圈激励频率太低时，若 $R_\text{p}^2 > \omega^2 L_\text{p}^2$，则输出电压 U_o 受频率变动影响较大，且灵敏度较低；只有当 $\omega^2 L_\text{p}^2 \gg R_\text{p}^2$ 时，输出 U_o 与 ω 无关，当然 ω 过高会使线圈寄生电容增大，对性能稳定不利。

三、所需器件及模块

6号差动变压器实验模块、示波器。

四、实验步骤

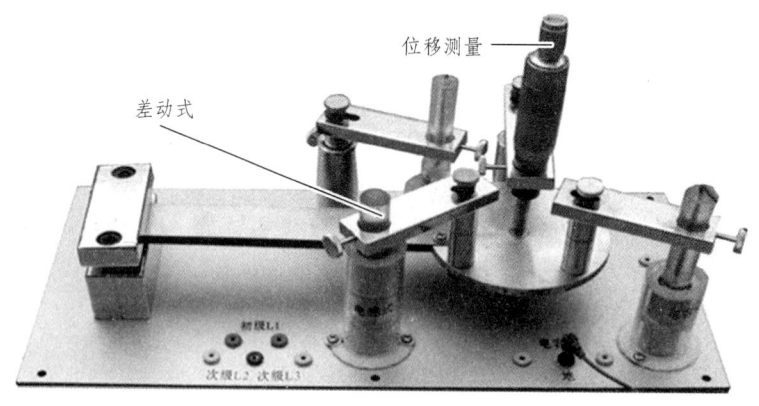

图 7-1

（1）将差动变压器传感器安装在位移测量实验模块上。

（2）调节音频信号输出频率为 1 kHz，$V_{\text{p-p}}=2\ \text{V}$。从 0°输出（用实验台频率计显示频率）利用示波器 A 通道观察 L_2、L_3（两个次级）两端"0"输出，移动铁芯至输出信号最小时的位置（大约在线圈中心位置）。

（3）从示波器 A 通道读数，旋动测微头，向左（或右）旋到离中心位置 2.50 mm 处，有较大的输出。将测试结果记入表中。

（4）分别改变激励频率从 1 kHz～9 kHz，幅值不变，利用示波器 A 通道监视 L_1 输出电压，将测试结果记入表中。

（5）作出幅频特性曲线。

五、思考题

如何选择差动变压器最佳工作频率？

实验 3　　铜电阻温度特性测试

一、实验目的

了解铜电阻测温原理及应用。

二、实验原理

铜电阻的电阻值与温度的关系一般为：

$R = R_0[1+a(t-t_0)]$ 式中：R 是温度为 $t\ ℃$ 时的电阻值。R_0 是温度为 $t_0\ ℃$ 时的电阻值，a 是电阻温度系数。铜电阻是用直径为 0.1 mm 的绝缘铜丝绕在绝缘骨架上制成的，线外加保护树脂。铜电阻的优点是线性好、价格低、a 值大，但易氧化，氧化后线性度会变差。所以一般用检测较低的温度。铜电阻值在 0 ℃ 时为 50 Ω。

三、所需器件及模块

9 号温度传感器特性实验模块、K 型热电偶、温度控制单元、0～2 V 数显单元、万用表。

四、实验步骤

接线及电路如图 7-2 所示。在 R_1 两端并联上一根 Cu50 专用线。

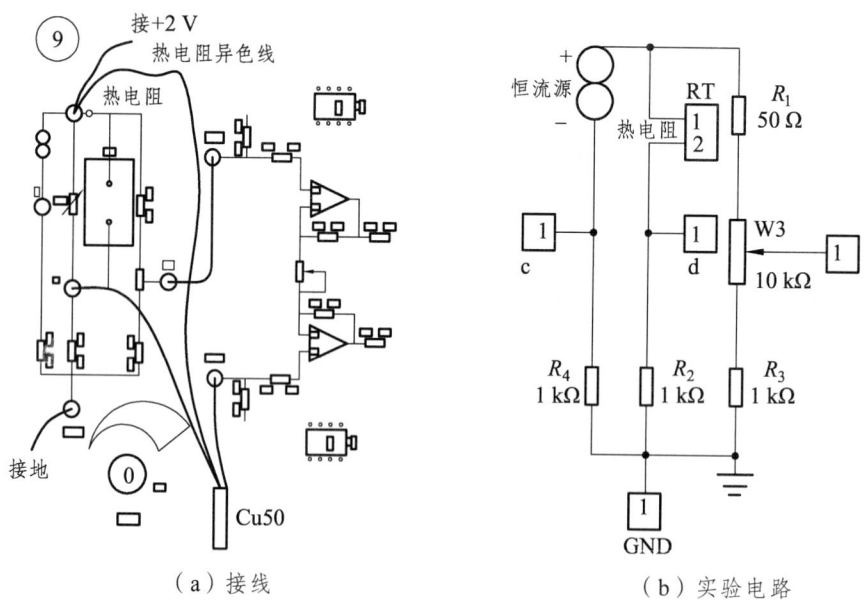

（a）接线　　　　　　　　（b）实验电路

图 7-2　实验电路及接线

K 型热电偶作标准源接法不变。
（1）9 号温度传感器特性实验模块接上 Cu50 传感器。

（2）加直流源+2 V，合上实验台电源开关。

（3）在常温基础上，仪表每隔 Δt=5 °C 设定一个测试点，记下数显表上相应的读书并记入表 7-1 中。关闭电源实验台电源开关。

（4）根据表 7-1 中的值计算其非线性误差。

表 7-1

t/ °C	50									
V/mV										

$$\Delta V = V_1 - V_2$$

$$V_1 = V_{CC} \frac{R_2}{R_2 + R_t}$$

$$V_2 = \frac{R_3}{R_1 + R_3} V_{CC}$$

$$V_o = k \cdot \Delta V = \left(\frac{R_2}{R_2 + R_t} - \frac{R_3}{R_1 + R_3} \right) V_{CC} \cdot k$$

其中 k 为放大倍数，R_t 为 Cu50 阻值，是随温度而变化的，其他都是常数，通过测量 V_o 就可以算出 R_t 值。上式中对于本实验电路参数为：R_1=50 Ω，R_2=R_3=1 kΩ。

实验 4　　噪声检测

一、实验目的

了解噪声检测工作原理。

二、实验原理

噪声检测实验电路如图 7-3 所示,它是利用微型驻极体话筒对声音敏感原理来测量环境噪声,通过对小信号噪声放大处理后供后级识别使用。

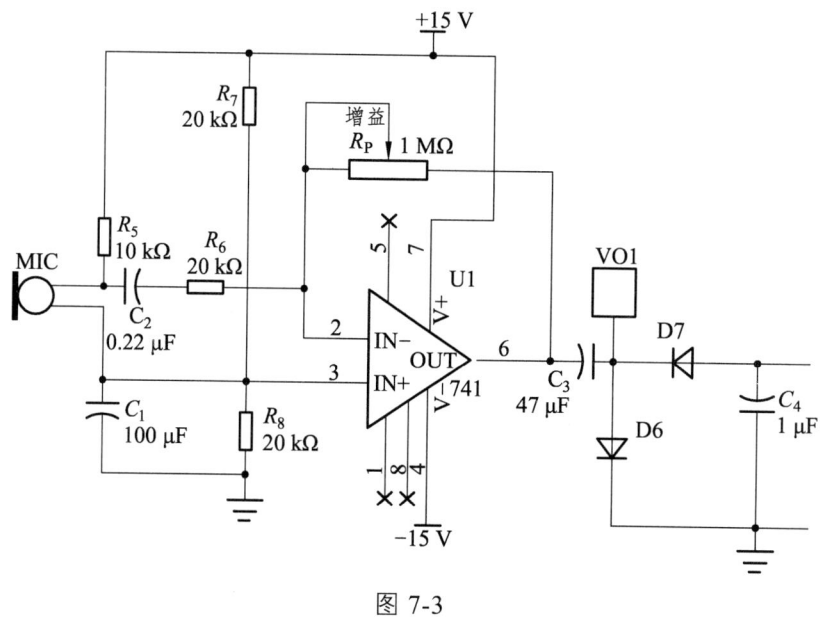

图 7-3

三、所需单元模块

模块 15。

四、实验步骤

（1）按图 7-2 所示连接实验线路。
（2）对着话筒输入声音,观测输出信号。
（3）思考：用这样的电路是否能控制门窗的开关或设备的开启？

实验 5　　光敏二极管特性测试

一、实验目的

了解光敏二极管工作原理及特性。

二、基本原理

当入射光子在本征半导体的 P-N 结及其附近产生一空穴时,光生载流子受势垒区电场作用,电子漂移到 P 区,电子和空穴分别在 N 区和 P 区积累,两端便产生电动势,这称为光生伏特效应,简称光伏效应,光敏二极管正是基于这一原理而制成的。如果在外电路中把 P-N 短接,就产生反向的短路电流,光照时反向电流会增加,并且光电流和照度基本呈线性关系。

三、实验器件与单元

可调电源,电流表,电压表,光电实验模块,光敏二极管,发光二极管,照度表。

四、实验步骤

实验电路如图 7-4 所示。

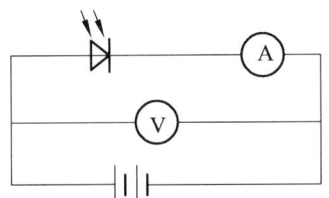

图 7-4　光敏二极管实验电路

实验步骤如下:

(1)按图 7-4 所示连接实验电路(注意二极管的正负极性接线),测量光敏二极管的暗电流和亮电流。

暗电流测试:将 0~5 V 的可调电压设为最小接到光敏二极管的电路中,读取电流表的电流值就是暗电流。暗电流基本为 0 μA,一般光敏二极管小于 0.1 μA,暗电流越小越好。

亮电流测试:将 5 V 的电压接入光敏二极管电路中,将一定光照强度对应的二极管的电流值记入表 7-2 中,并按表 7-2 中记录的数据作一 5 V 时电流(I)-光照(Lx)的特性曲线。

表 7-2

光照度/Lx	0	10	20	30	40	50	60	70	80	90	100
光电流/μA											

伏安特性测量:在一定的光照强度下,光敏二极管的光电流随外加电压的变化而变化。测量时,在给定的光照强度下,光敏二极管输入 0 V,2 V,4 V,6 V,8 V,10 V 时,测得光

敏二极管上的电流值并记录在表 7-3 中,并按表 7-3 中所记录的数据作一特性曲线。

表 7-3

电流/mA　　电压/V 照度/Lx	0	2	4	6	8	10
0						
10						
20						
⋮						
90						
100						

实验 6 单臂电桥性能测试

一、实验目的

了解金属箔式应变片单臂电桥的工作原理和工作状况。

二、所需器件及模块

1 号金属箔式应变片传感器实验模块，14 号交直流、全桥、测量、仪用放大实验模块，20 克砝码 10 只，±15 V 电源，±2 V 电源，万用表（自备）。

三、基本原理

单臂桥电路如图 7-5 所示。

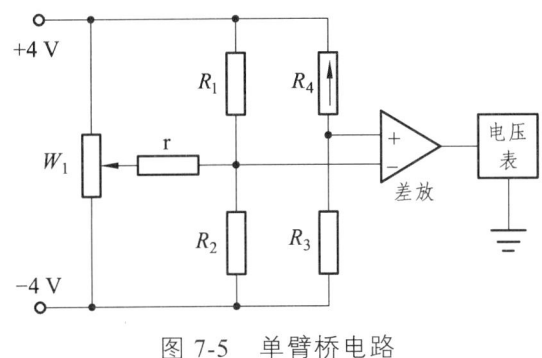

图 7-5 单臂桥电路

电阻丝在外力作用下发生机械变形时，其电阻值会发生变化，这就是电阻应变效应。描述电阻应变效应的关系式为：

$$\Delta R/R = K\varepsilon$$

式中：$\Delta R/R$ 为电阻丝电阻相对变化，K 为应变灵敏系数，$\varepsilon = \Delta L/L$ 为电阻丝长度相对变化。金属箔式应变片就是通过光刻、腐蚀等工艺制成的应变敏感元件，通过它转换被测部位受力状态变化。电桥的作用是完成电阻到电压的比例变化，电桥的输出电压反映了相应的受力状态。对单臂电桥，输出电压为

$$U_\circ = \frac{\varepsilon}{4} \cdot Ek$$

$$= \frac{E}{4} \cdot \frac{\Delta R/R}{1 + \frac{1}{2} \cdot \frac{\Delta R}{R}}$$

E 为电桥电源电压。上式表明单臂桥输出为非线性，非线性误差为

$$L = \frac{1}{2} \cdot \frac{\Delta R}{R} \cdot 100\%$$

在相同的条件下，单臂桥输出只有全桥的 1/4，只有半桥的 1/2。

注意事项：

（1）设备上的应变传感器是一个标准的双孔悬臂梁式商用计价秤传感器，采用特殊的铝合金材料制造，最大称量 500 g，应变片阻值 350 Ω，使用时不要用力按压称重托盘，以免发生机械过载，损坏传感器。

（2）金属箔式应变片有一定的自热效应，供桥电压不能过高，否则会使传感器输出不稳定。

（3）桥路连线时，实验线的接触电阻对桥路稳定性有较大的影响，尽量用较短的实验线组桥，同时注意实验线与孔是否接触良好。

（4）放大电路的增益不要过高，通常情况下把 100 g 砝码全部放在托盘上组成全桥，电路输出电压在 200 mV 左右为好（单臂、半桥依次减小）。

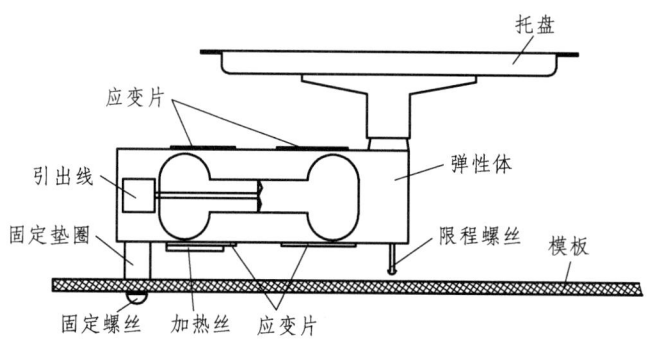

图 7-6

四、实验步骤

称重模块如图 7-7 所示。

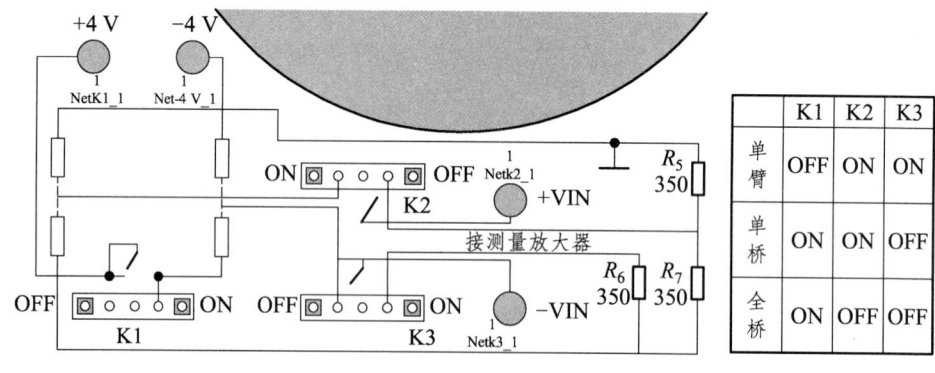

图 7-7 称重模块调零

仪用放大模块调零如图 7-8 所示。

模块联合调零如图 7-9 所示。

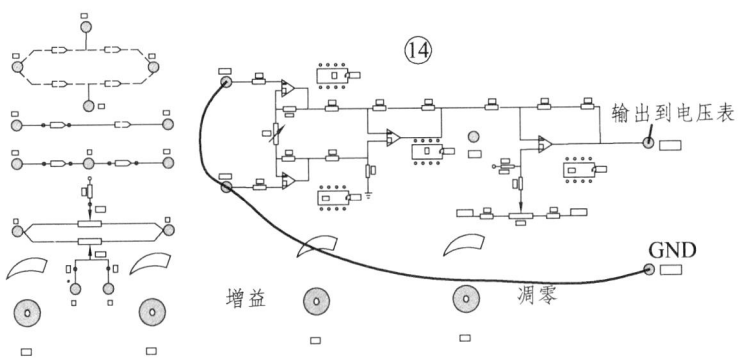

图 7-8 仪用放大模块调零

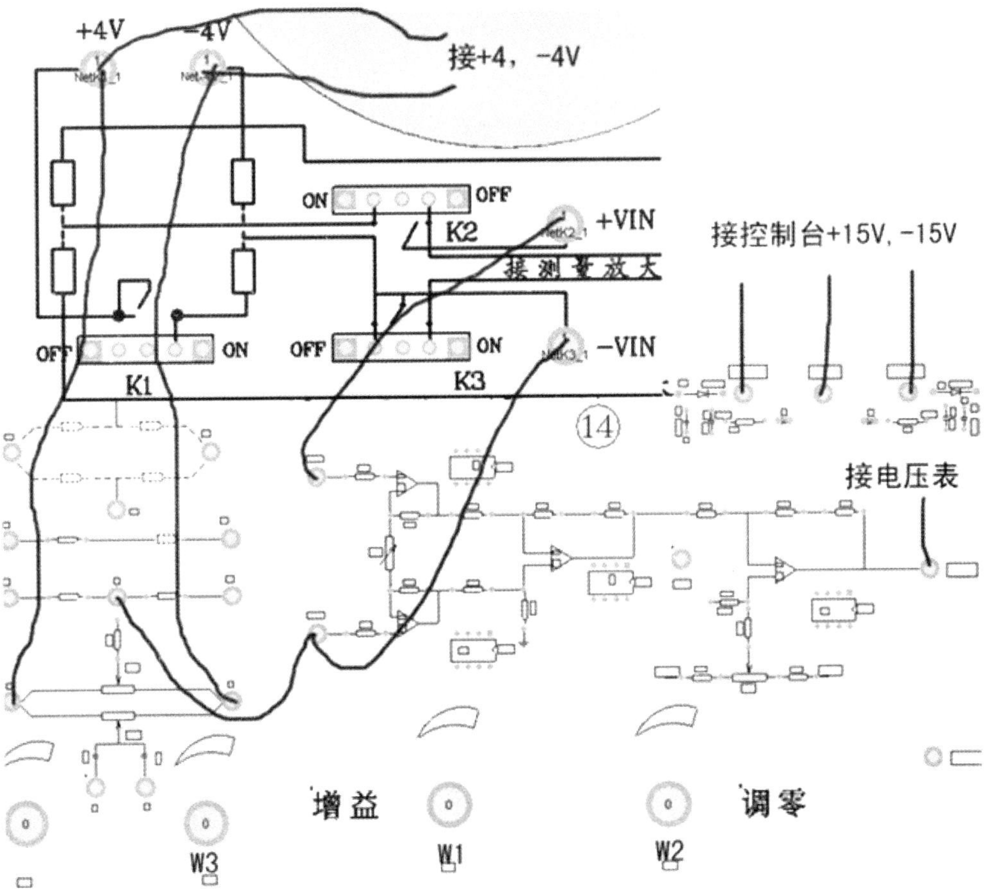

图 7-9 模块联合调零

实验步骤如下:

(1)根据图 7-7 应变传感器已装于 1 号金属箔式应变片传感器模块上。传感器中各应变片 R_1、R_2、R_3、R_4 已接入模块的下方,K_1 开关应置于 OFF 状态。可用万用表进行测量判别,$R_1=R_2=R_3=R_4=350$。

（2）根据图 7-8，IC1、IC2、IC4 组成第一级典型的三运放仪表放大器，整益 $G_1=R_{24}/R_{20}[1+2R_{14}/W_1]$，其中 $R_{16}=R_{24}=20$ kΩ、$R_{18}=R_{20}=10$ kΩ、$R_{14}=R_{15}=20$ kΩ、$W_1=10$ kΩ。W_1 中串接了 200 Ω 的电阻，也就是说当 W_1 为 0 时放大倍数为 $G_1=1+40000/200=201$ 倍，W_1 旋转一圈为 1 kΩ，IC3 是第二级反向放大器，整益 $G_2=R_{22}/R_{17}$，$R_{22}=51$ kΩ、$R_{17}=20$ kΩ，在 IC3 的 "+" 端通过 RW_2、R_{27} 接入正负电压调节放大器的零点，$RW_2=10$ kΩ、$R_{27}=1$ kΩ。在应变式传感器的输出端通过 W_3、R_{11} 接入±4 V 电压，调节应变式传感器，由于 4 片应变片电阻不对称而引起的输出零点变化，$W_3=10$ kΩ、$R_{11}=1$ kΩ。放大电路总整益 $G=G_1\times G_2$。IC1、IC2、IC3、IC4 的型号采用 OP07 或 741。

（3）放大器调零：把 14 号交直流、全桥、测量、仪用放大实验模块接入±15V 电源，检查无误后，合上实验台电源开关，实验模块±15 V 指示灯应亮。将 14 号交直流、全桥、测量、仪用放大实验模块增益电位器调节增益在合适的位置（右旋转到底再回 2 圈不到点，此时放大倍数 G_1 约为 20，电路总的放大倍数 $G=G_1\times G_2=20\times 2.5=50$，此时 R_{14}，R_{15} 之间的可调电位器总阻值约为 2000 Ω），也可以用输入小电压（比如 20 mV）再调节增益，使输出为 2000 mV，使增益为 100。将仪器放大器的正（Vin+）、负（Vin-）输入端短接，再把输入端和地端连接，实验台面板上数显表外接输入端量程为 0～2 V，调节 W_2，使 V_{02} 输出端显示为零，关闭实验台电源。

（4）电桥平衡调零：将 1 号金属箔式应变片传感器实验模块的其中一个应变片 R_1、R_2、R_3、R_4（拨动开关为单臂方式）按图接入 14 号交直流、全桥、测量、仪用放大实验模块（1 号模块+VIN 接 14 号模块 VIN+，1 号模块-VIN 接 14 号模块 VIN-，VIN-接 C 点，A，B 两点分别接到+4V，-4 V），电源电压±4 V（从实验台±4 V 引入或 14 号模块板上引入）。检查接线无误后，合上实验台电源开关。调节 14 号交直流、全桥、测量、仪用放大实验模块平衡电阻 W_3，使数显表显示为零（注意：W_1、W_2、W_3 位置一旦确定就不能改变，一直到做完实验为止），具体见图 7-9。

（5）在秤盘上放一只 10 g 砝码，读取数显表数值，依次增加砝码和读取相应的数显表值，直到 100g 砝码加完。记下实验结果填入表 7-4，关闭电源。

（6）根据表 7-4 计算系统灵敏度 $S=\Delta U/\Delta W$（ΔU 为输出电压变化量，ΔW 为重量变化量）和非线性误差 $\delta=\Delta m/yF\cdot S\times 100\%$，式中 Δm 为输出值（多次测量时为平均值）与拟合直线的最大偏差 $yF\cdot S$ 满量程输出平均值，此处为 100 g（或 500 g）。

表 7-4 单臂测量时，输出电压与负载重量的关系

重量/g										
电压/mV										

第8章　典型电路的安装与调试

实验1　日光灯的安装

日光灯又称荧光灯,它比白炽灯光效高、寿命长、表面亮度低,是目前应用较为普遍的一种照明灯具。

1. 日光灯的组成

荧光灯由灯管、启辉器、镇流器、灯架及灯座等组成。

灯管由玻璃制成,内壁涂有一层荧光粉,管内抽成真空后充入少量的汞(水银)和氩气等惰性气体。灯丝由钨丝制成,外涂电子粉。常用灯管按功率分有6、8、12、15、30、40 W等规格。按外形分有V形、圆形、长条形等多种。按启动方式分有快速启动,单端启动。

灯架是用来固定灯管的,一般由铁片制成,其规格与灯管外形相吻合。

灯座有开启式和弹簧式两种,其规格又分大型和小型两种,大型的适用于15 W以上的灯管,小型的适用于6、8、12 W灯管。

启辉器是由氖泡、低介质电容、出线脚和外壳等组成。氖泡内装有"N"形动触片和静触片。启辉器的规格有4~8 W,15~20 W,30~40 W及通用型13~40 W等。

镇流器由铁芯和线圈等组成,它的功率必须与灯管功率相符。

2. 日光灯照明线路的工作原理

荧光灯在接通电源时,电源电压经镇流器、灯丝加在启辉器上,引起氖气放电(红色辉光),产生的热量使"N"形双金属片受热伸展而使触点闭合。于是镇流器线圈和灯管中的灯丝就有电流通过,灯丝很快被电流加热,发射出大量电子,致使灯管中氩气电离,水银蒸发为水银蒸汽,为灯管导通创造了条件。

这时,由于启辉器两极闭合,两极间电压为零,辉光放电消失,管内温度降低;双金属片自动复位,两极断开。在两极断开的瞬间,电路电流突然切断,镇流器产生很大的自感电动势,与电源电压叠加后作用于灯管两端。灯丝受热时发射出来的大量电子,在灯管两端高电压作用下,以极大的速度由低电势端向高电势端运动。在加速运动的过程中,碰撞管内氩气分子,使之迅速电离。氩气电离生热,热量使水银产生蒸汽,随之水银蒸汽也被电离,并发出强烈的紫外线。在紫外线的激发下,管壁内的荧光粉发出近乎白色的可见光。

日光灯正常发光后,由于交流电不断通过镇流器的线圈,线圈中产生自感电动势,自感电动势阻碍线圈中的电流变化,这时镇流器起降压限流的作用,使电流稳定在灯管的额定电流范围内，灯管两端电压也稳定在额定工作电压范围内。由于这个电压低于启辉器的电离电压，所以并联在两端的启辉器也就不再起作用了。

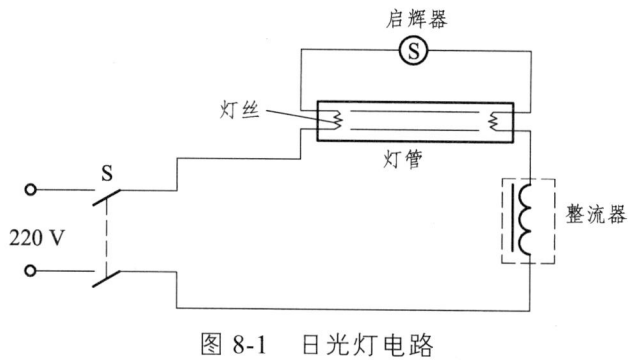

图 8-1　日光灯电路

镇流器在启动时产生瞬时高压，在正常工作时起降压限流作用；启辉器在启动时相当于一个自动开关，启辉器中电容器的作用是避免产生电火花。

实验 2　　调频立体声收音机的安装与调试

收音机原理就是把从天线接收到的高频信号经检波（解调）还原成音频信号，送到耳机变成音波。由于广播事业发展，天空中有了很多不同频率的无线电波。如果把这许多电波全都接收下来，音频信号就会像处于闹市之中一样，许多声音混杂在一起，结果什么也听不清了。为了设法选择所需要的节目，在接收天线后，有一个选择性电路，它的作用是把所需的信号（电台）挑选出来，并把不要的信号"滤掉"，以免产生干扰，这就是我们收听广播时，所使用的"选台"按钮。

自动搜索调频收音机与普通调频收音机的主要区别就在于它们的调台方式不同。自动搜索调频收音机采用电调谐方式选择电台，省去了可变电容器，设置了"搜索"和"复位"两个轻触式按钮。使用时只要按下搜索按钮，收音机就会自动搜索电台，当它搜索到一个电台后，会准确地调谐并停止下来。如果想换一个电台，只需再次按下搜索按钮，收音机就会继续向频率高端搜索电台。当调谐到频率最高端后，就需要按下复位按钮，让收音机本振频率回到最低端才能重新开始搜索电台。这种自动搜索调频收音机使用方便，调谐准确，由于不使用可变电容器，所以使用寿命长（可变电容器容易损坏），它的缺点是没有频率指示。

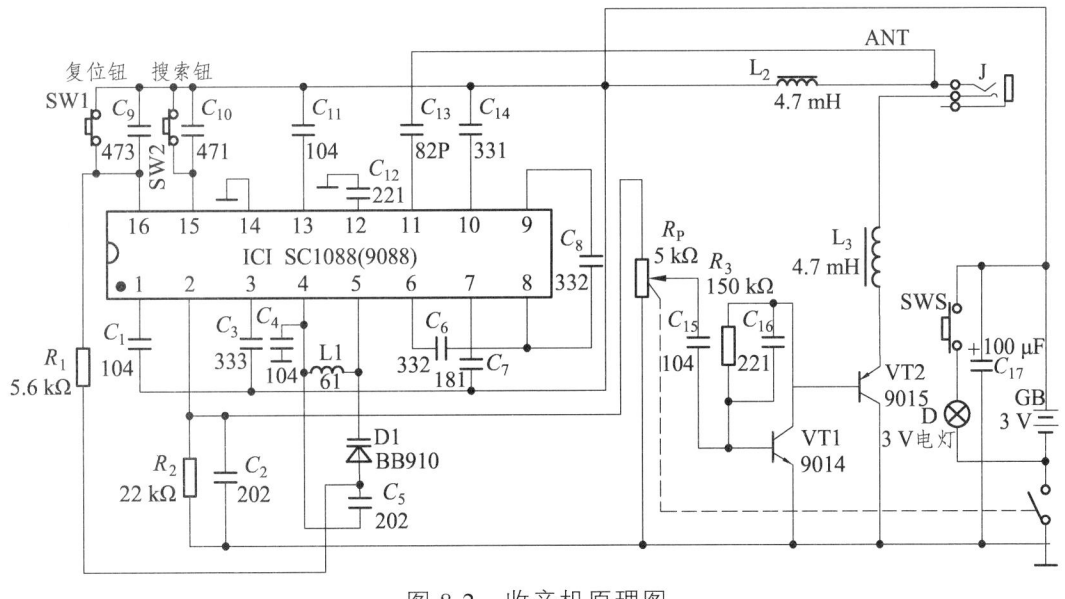

图 8-2　收音机原理图

1. 电路工作原理

图 8-2 是自动搜索调频收音机的电路原理图。其核心器件是一块无锡华晶双极电路 CD9088CB 集成电路，调频范围为 88～108 MHz。这块集成电路中包含了调频收音机中从天线接收、振荡器、混频器、AFC（频率自动控制）电路、中频放大器（中频频率为 70 kHz）、中频限幅器、中频滤波器、鉴频器、低频静噪电路、音频输出等全部功能，还专门设有搜索调谐电路、信号检测电路及频率锁定环路，如图 8-3 所示。

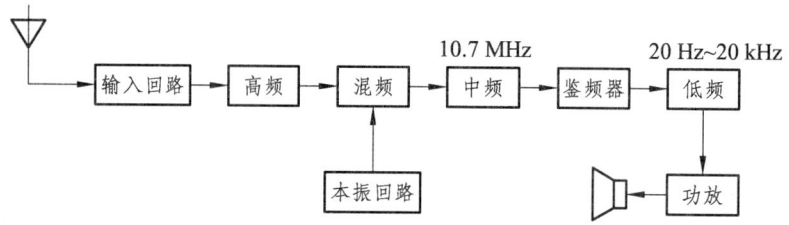

图 8-3　CD9088CB 集成电路功能

信号流程：耳机感应 FM 信号→{11}脚→经高频、混频、中频、鉴频、低频→恢复立体声复合信号→静噪开关（避免搜台过程中的噪音送出）→补偿网络→外部放大→耳机。调频收音机结构框图如图 8-4 所示。

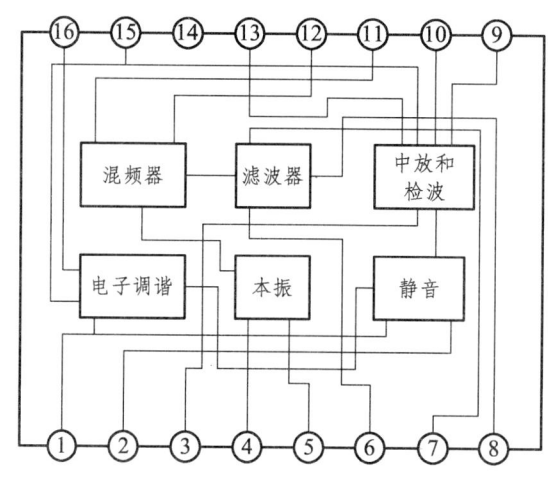

图 8-4　调频收音机结构框图

取代可变电容器的是变容二极管，它是一种特殊的二极管。它的 PN 结电容随着 PN 结上的偏压（反向电压）变化而改变。偏压增大，PN 结变厚，PN 结电容变小；偏压降低，PN 结变薄，则 PN 结电容增大。因此改变 PN 结上的偏压，就可以改变 PN 结的电容。电路中变容二极管接在本机振荡电路上，就可以改变振荡频率。

因为集成电路中很难集成较大容量的电容器，所以集成电路外接的电容器较多。CD9088CB 集成电路的 1 脚接的电容器 104 为静噪电容；3 脚外接环路滤波元件；6 脚上的 332 为中频反馈电容；7 脚上的 180 为低通电容器；8 脚为中频输出端；9 脚为中频输入端；{10}脚上的 330 为中频限幅放大器的低通电容；{15}脚为搜索调谐输入端，470 为滤波电容器；{16}脚为电调谐、AFC 输出端。

CD9088CB 的引脚功能如图 8-5 所示。

调频收音机的耳机线兼作天线，电台信号送入集成电路的第{11}脚和{12}脚，电感 0.5 mH、电容器 20P、20P、200P 构成输入回路（并联谐振回路）。电路的频率由电感 0.5 mH、电容 202P 及变容二极管 BB910 决定（本振谐振回路）。混频后产生的 70 kHz 中频信号经集成电路内的中频放大器、中频限幅器、中频滤波器、鉴频器后变为音频信号，由集成电路的第 2 脚输出，经电容 104P 送到由三极管 9014 和 9012 等组成的低频放大电路中进行放大，推动耳机发声。连接耳机插座的电感器 L1、L3 是为了防止天线的信号被耳机旁路而设置的。发光二极管 LAMP

是一简单的照明回路，由开关 LIGHT 控制。电容器 100 μF 和 104P 为电源滤波电路。电阻 22 kΩ、电容 202P 为 RC 并联电路频率补偿网络。

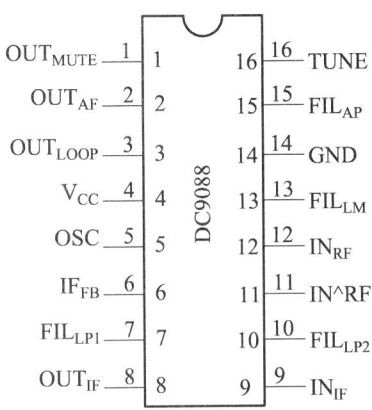

图 8-5　CD9088CB 的引脚功能

自动搜台：按搜索键 SCAN，CD9088CB 集成电路内的 RS 触发器"S"端置"1"，控制一恒流源对{16}脚外接 473P 电容充电，电容电压上升，此电压经电阻 5.6 kΩ 加于变容二极管 BB910 的正端，使本振频率改变，从而实现调谐；当搜到电台信号后，信号检测电路输出高电平，使 RS 触发器的"R"端置"1"，触发器翻转，控制恒流源停止对 473P 充电，与此同时，音频输出电路控制的恒流源开始对 473P 充电，保持住 473P 两端的电压不变，从而保持住变容二极管的电压，实现 AFC（自动频率控制），锁住所搜到的信号节目。继续按 SCAN，将重复上一步骤，搜索下一信号直至到频率最高端，此时按复位键 RESET，将 473P 两端电压放掉，本振回到最低频率，按 SCAN 即可重新开始搜台。

2. 电路板的制作

首先将 16 脚的双列微型扁平封装的集成电路 CD9088 焊在电路板中的敷铜面上。集成电路管脚间隙很小，焊接时一定要十分小心。可先将集成电路的管脚和电路板上的焊点镀锡，把电烙铁头上的焊锡甩掉后，将集成电路对准电路板上的焊接处（集成电路的 1 脚处在耳机插座的一方），用不带焊锡的电烙铁进行焊接。其次将电阻器、三只空心线圈焊到电路板上。再依次将 13 只电容器、1 只变容二极管、1 只三极管、电位器、耳机插座、轻触开关、照明灯焊到电路板上。注意照明灯预留导线的长短要与机壳相配合。最后用红黑导线连接电池接触片的正负极。

所有元器件安装好并检查无误后就可以进行调试。调试时，将直流稳压电源打开，将其输出电压调整到 2.5～3.0 V 之间（注意，不可超出 3 V，否则将可能烧毁电路板及元件），然后将电源正极接收音机的正（红线），电源负极接收音机的负（黑线）。电路不接耳机时的耗电约为 7 mA，最大音量收听时总耗电为 15 mA 左右。电流过大或过小都说明电路板有故障，过大是电路板上有短路，过小是电路板上有虚焊、漏焊或元件、耳机损坏。调整线圈 L1 的疏密程度来调整收音机接收频率的范围。如果高频端的电台收不到，可以把线圈拉开一点；如果低频端的电台收不到，可以把线圈夹紧一点。

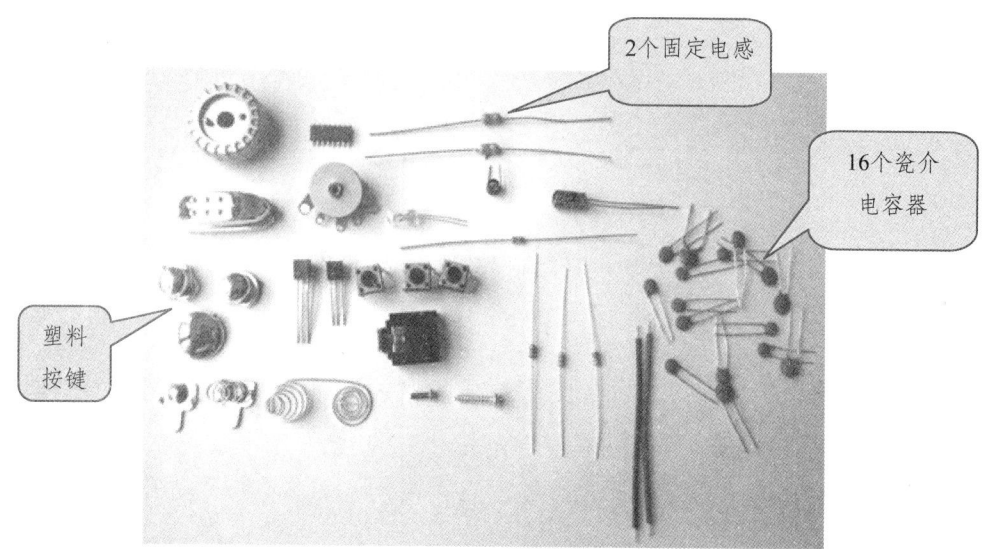

3. 制作过程图解

（1）认真观察电路板的实物图。

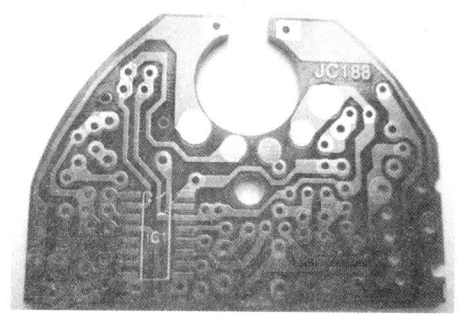

（2）焊接电阻器。

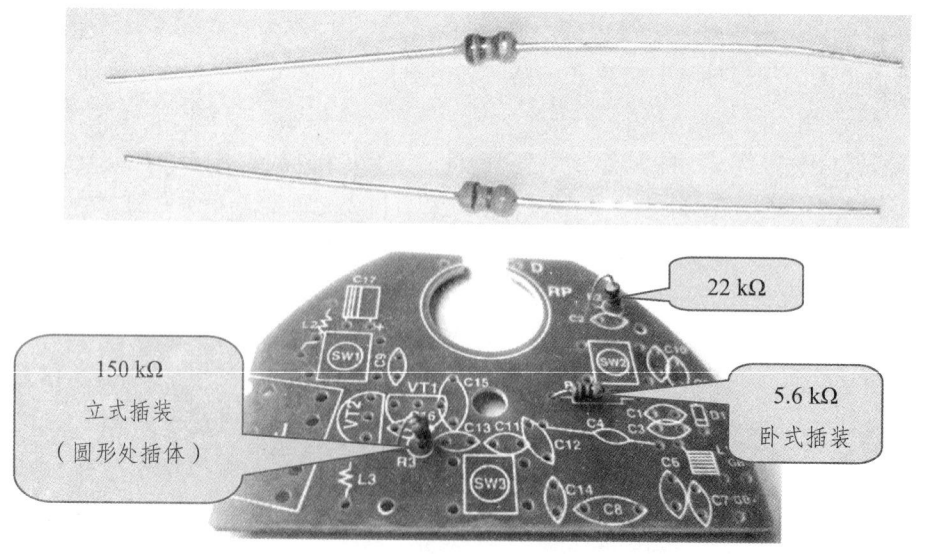

（3）焊接瓷介电容器。

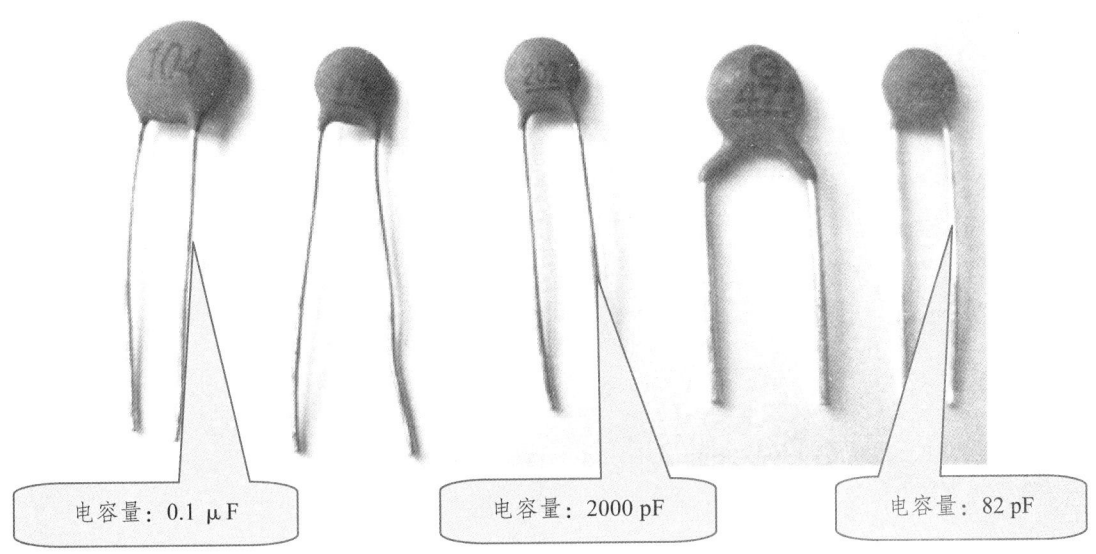

电容量：0.1 μF　　电容量：2000 pF　　电容量：82 pF

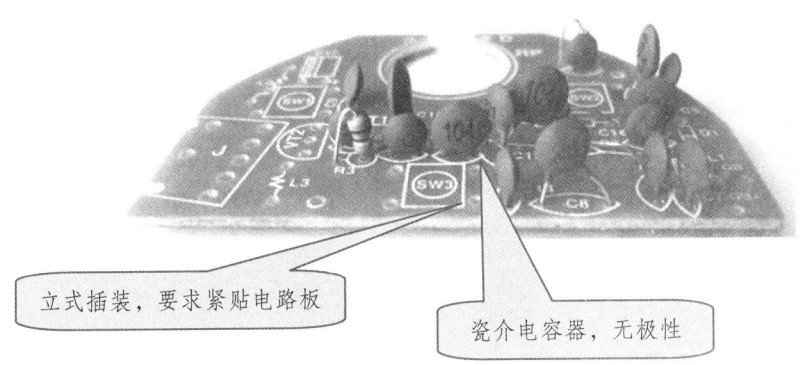

立式插装，要求紧贴电路板　　瓷介电容器，无极性

（4）焊接电解电容器。

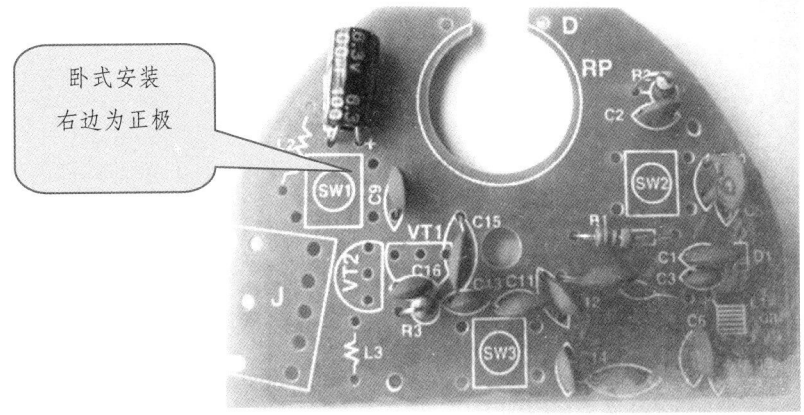

卧式安装
右边为正极

（5）焊接电感器。

（6）焊接变容二极管。

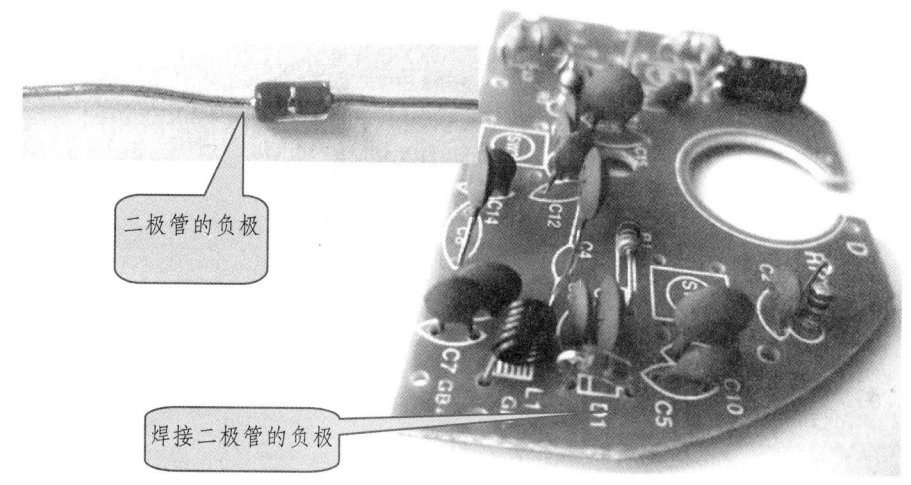

（7）焊接三极管。

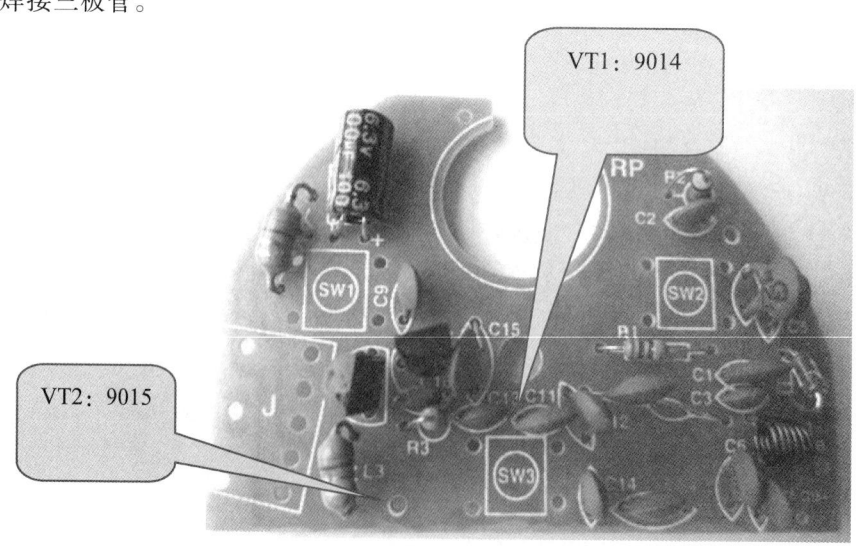

(8)焊接轻触开关。

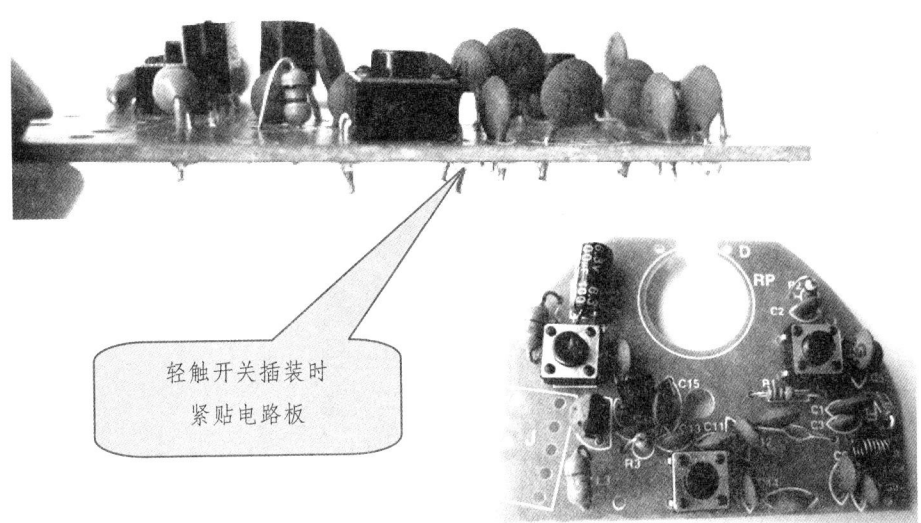

轻触开关插装时紧贴电路板

(9)焊接电位器。

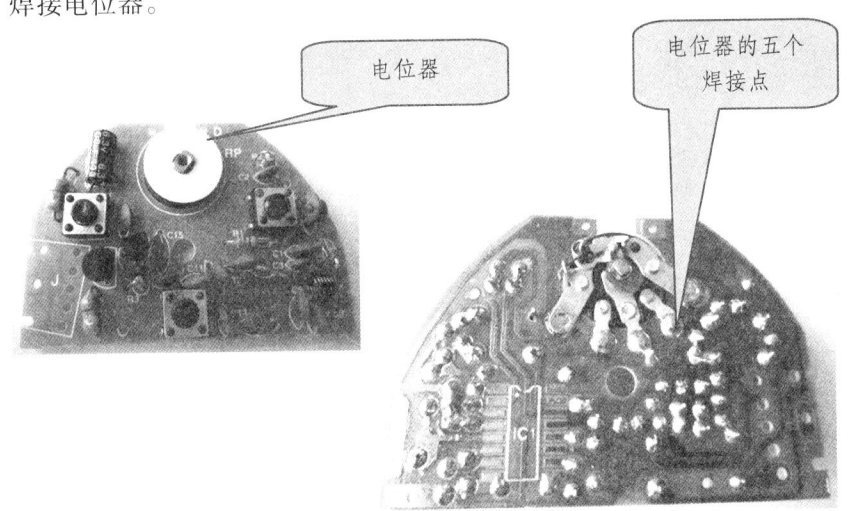

电位器

电位器的五个焊接点

(10)焊接贴片集成电路 SC1088。

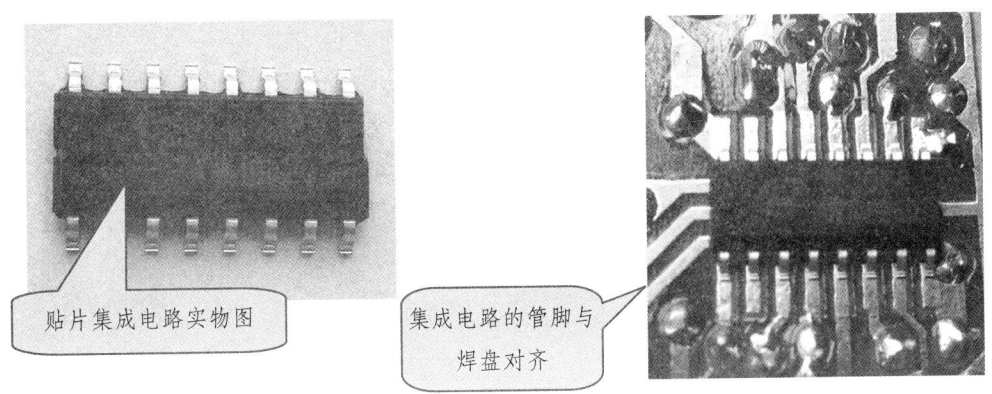

贴片集成电路实物图

集成电路的管脚与焊盘对齐

(11) 焊接电池片与电源线。

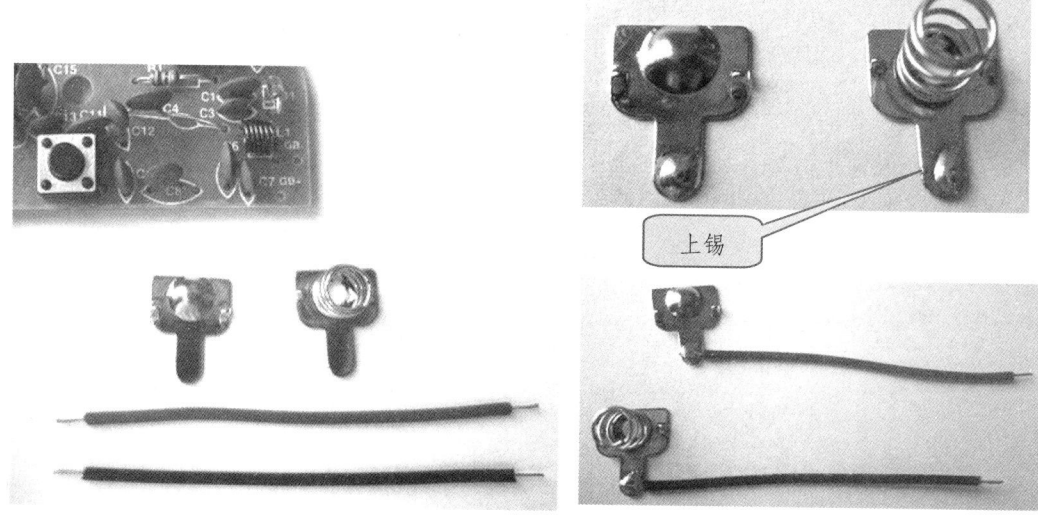

(12) 将装饰片固定在面壳上。

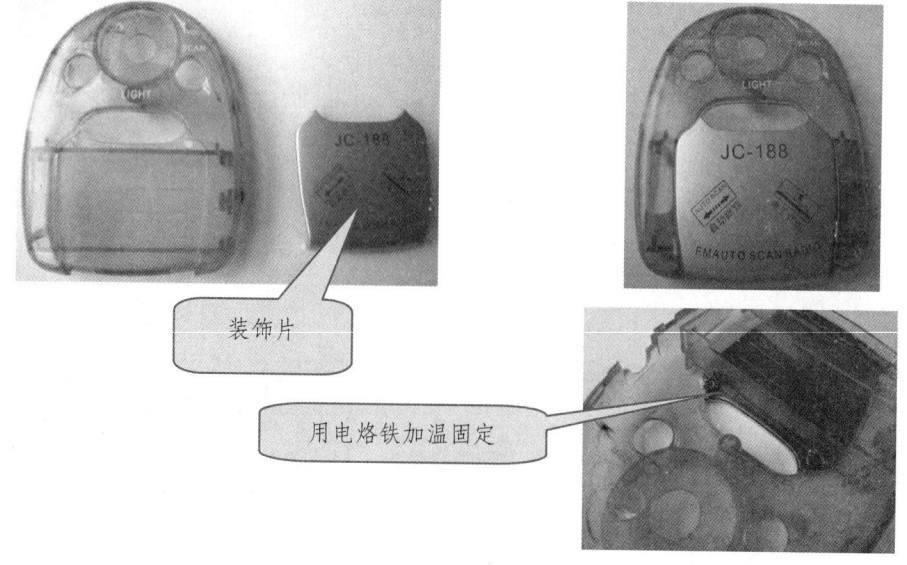

(13）将三个按钮置入面壳中。

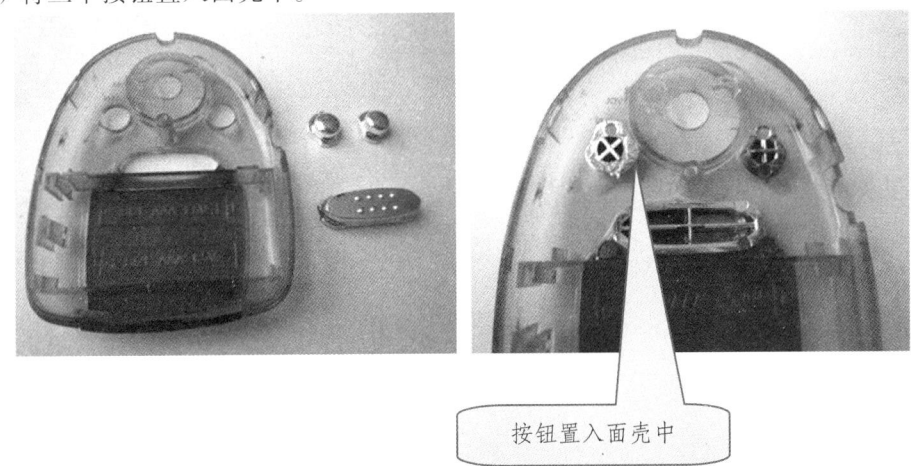

按钮置入面壳中

（14）将电池片装入外壳中。

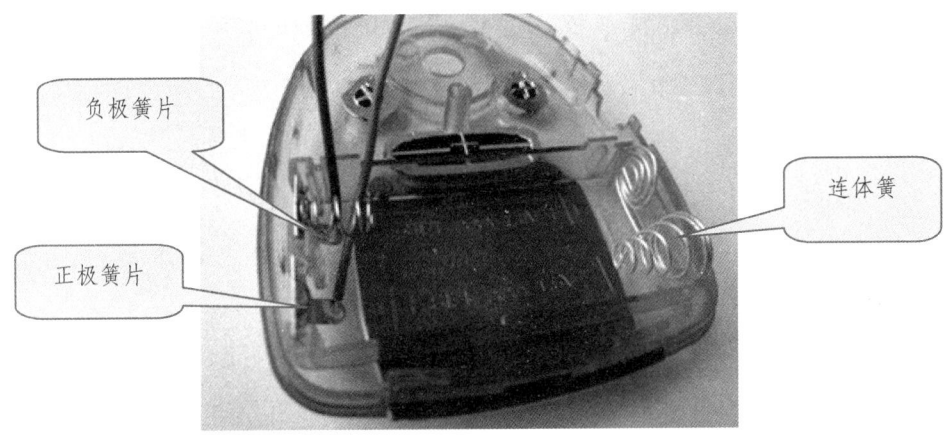

负极簧片

正极簧片

连体簧

（15）将电源线焊接在电路板上。

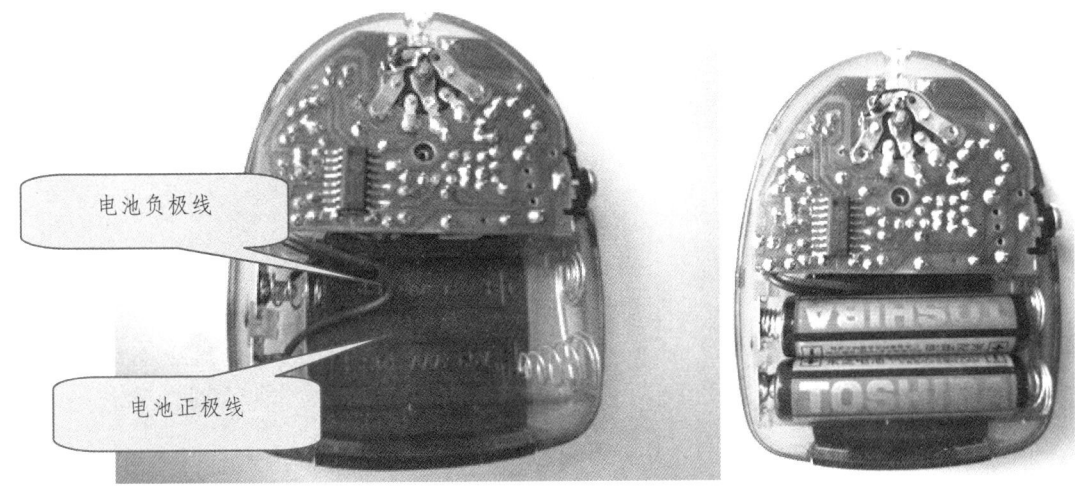

电池负极线

电池正极线

4. "JC188 型带夜间指示灯调频收音机"的组装过程

(1) 将电位器置入塑料孔中间。

电位器置入圆孔中间

(2) 用螺丝钉固定电位器钮。

(3) 装好后壳。

(4) 腰挂装入后壳，上螺丝。

自攻螺丝

装好后的整体图如下。

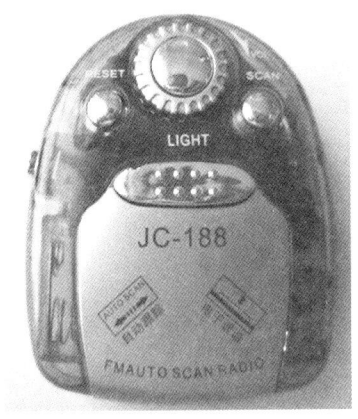 

5．故障检测

（1）检查元器件是否安装正确；是否有虚焊、假焊点、不应该相连的焊点之间是否连上；电解电容和发光二极管的"＋""－"极性是否安装正确。

（2）检查收音机的供电部分是否工作正常、电压是否正常、发光二极管是否发亮。

（3）检查元器件是否损坏。

（4）由放大回路开始检查；采用感应法，由后向前检查；用镊子逐步接触三极管、音量电位器、9088 的 2 脚，看耳机是否有感应声。如果音频放大部分电路工作正常，则可听到耳机中有交流声响，其频率正好是人体感应的交流信号。

附录　电工技能操作台简介

1. 操作台的特点

（1）电气控制线路或电子线路都装在作为挂板的安装板上，操作方便、更换便捷、易扩展功能或开发新实验。

（2）操作台只需三相四线的交流电源即可投入使用。

（3）技能培训用的控制线路和小电机可模拟工厂各类机械的电力拖动系统，并可满足学生电工实训的电器控制、电器安装、调试、故障分析及排除等技能训练要求。

（4）操作内容的选择具有典型性、实用性，操作台装了漏电保护，对培训者的安全起到了保护作用。

2. 操作台的技术参数

（1）输入电压：三相四线制 380 V±10%、50 Hz。

（2）工作环境：环境温度范围为-5 ~ 40 ℃。

（3）装置容量：交流 < 1.5 kV·A，直流励磁电源 < 0.5 A，电枢电源 < 2 A。

（4）外形尺寸：长×宽×高=157 cm×73 cm×150 cm。

3. 控制屏功能及操作使用

控制屏在操作台的左面。屏上装有三相电网线电压指示仪表及指示灯各三只；总电源开关、漏电保护装置及三相电源的输出端；熔断器、告警灯及复位按钮；定时器兼报警记录仪。

1）三相电网线电压指示及指示灯

为指示电网的线电压值，共装有三只电压表，可分别指示电网的线电压值 U_{UV}、U_{VW} 及 U_{UW}。而且对应的 U 相、V 相、W 相分别装了黄、绿、红指示灯。

2）总电源开关、漏电保护器及三相电源的输出

总电源开关可控制操作台交、直流电源的输出，当手柄拨向上时为接通，这时按"启动"按钮，则 U、V、W 三个端子可输出三相交流电源，若三相输出电源中任一相和控制屏壳发生漏电（只要漏电流超过一定值），则漏电保护装置动作，自动切断交流电源的输出。

3）熔断器、告警及复位

该熔断器为带有氖泡的熔断器，如果熔丝熔断，则氖泡会发光指示。如果漏电保护动作，则相应的告警发光管发亮，同时蜂鸣器发出声响，三相电源自动切断。若再要输出交流电源，应先按下复位按钮，才能再次启动交流电源。

4）定时器兼报警记录仪

该记录仪平时作为时钟使用，具有设定操作培训的时间、定时报警、提前提醒后切断电

源功能，还能自动记录由于接线或操作错误所造成的告警次数。

定时器兼报警记录仪操作方法如下：

（1）开机并按复位键后，6位数码显示器将从零时零分零秒开始计时。

（2）设置时钟及定时报警时间：

① 按功能键至功能2（即显示器的末位显示2）。

② 来回操作数位键和数字键，将当前的时间（时、分、秒）输入显示器的前五位，并在末位输入1，按确认键，显示器的末位将显示C（CLOCK），表明时钟设置完毕；再来回操作数位键和数字键，将拟定的定时时间输入显示器的前五位，并在末位上输入9，按确认键，显示器的末位将显示A（ALARM），表示定时报警设置成功。

（3）告警次数清零：按功能键至功能3（即显示器的末位显示3），然后按确认键，显示器末三位将显示"000"，表明记录的告警次数已被清零。

（4）定时时间查询：按功能键至功能4（即显示器的末位显示4），然后按确认键，显示器将显示当前所设定的定时报警时间。

（5）告警次数记录查询：按功能键至功能5（即显示器的末位显示5），然后按确认键，在显示器的末三位上将显示已出现故障告警的次数。

（6）时钟显示：按功能键至功能7（即显示器的末位显示7），然后按确认键，显示器的六位数码管将显示当前的时间（时、分、秒）。

运行提示：

（1）经上述设置后，本定时器便作为时钟使用，此后操作功能键分别至功能1、2、3、6功能时，若再按确认键，将无法读得任何信息；而处于4、5、7功能时，若按功能键，则可查询定时报警时间和记录故障报警的次数及时钟时间。

（2）当时钟走到定时报警时间，蜂鸣器将发出断续的鸣叫声，持续1 min后自动停止，再延时4 min，即发出信号并切断电源。若按复位键并重新启动电源，蜂鸣器将依次再鸣叫1 min，在延时4 min后即自动切断电源，同时定时时间将逐次增加5 min。

（3）当需要修改时钟值、定时值或清除记录的故障次数时，则必须在功能1下重新输入原定的密码后方可进行。

（4）在功能6下可进行密码的修改。

（5）使用过程中，如果按住复位键不松开，仪器将停止工作。

注：

a. 本定时器兼报警记录仪平时应工作在时钟状态。

b. 切断总电源后，仪器将恢复到初始状态。

c. 1～6功能都有相应的指示灯指示当前的工作状态。

d. 开机未设置，按动复位键将回到初始状态。

e. 使用过程中连续按动复位键，仪器将暂停工作。

4. 直流电机的电源面板及使用方法

该面板位于控制屏下面，其中面板的左边为励磁电源（输出电流＜0.5 A），只要把励磁电源开关打在"开"位置，即可在"+"、"－"两端子输出约220 V的直流电压。面板的右边为可调交流电源和可调电枢电源，使用时先把单相自耦调压器沿逆时针旋向最小输出电压位置，若输出可调交流，则只要合上总开关，再按"启动"按钮，调节电压调节旋钮即可输出 0～250 V 交流电压；如需要直流可调电源，则按"启动"按钮后还要把电枢电源的开关打在"开"位置，顺时针调节单相自耦调压器，使"+""-"两端子的输出电压调到所需电压值。

5. 仪表、变压器及低压直流电源面板及其使用方法

该面板在交、直流电源面板的右面（放挂板的下面位置）。

1）仪表及其使用

面板上装有 0～500 V 的交流电压表、0～5 A 的交流电流表、0～300 V 的直流电压表及 0～5 A 的直流电流表各一只，使用时要注意区分且不要接错。若仪表发生超量程，则会自动切断电源并告警。如需继续操作，应先按"复位键"，才能重新操作电源，使仪表投入正常使用。

2）功率表的使用方法

功率表由单片机、高精度 A/D 转换芯片和全数显电路构成。通过键控、数显窗口实现人机对话操作模式。功率测量精度 1.0 级，电压、电流量程分别为 450 V、5 A，测量功率因数时还能自动判断负载性质（感性显示"L"，容性显示"C"，纯电阻不显示），可储存 15 组数据，并可随时查阅。

3）主要技术指标

① 功能：可测量单相交流负载的功率；可显示电路的功率因数、周期、频率；可记录、储存和查询 15 组数据等。

② 测量精度：＜1%。

③ 量程范围：电压 10～450 V、电流 20 mA～5 A。

④ 工作条件：供电电源　AC 220 V±5%，50 Hz。

环境温度：-10 ℃～+40 ℃；

相对湿度：＜80%。

4）使用方法

① 按线路原理图接好线路。

② 接通电源，按"复位"键后，面板上各 LED 数码管将循环显示"P"，表示测试系统已准备就绪，进入初始状态。

③ 面板上的 5 个按键，在实际测试过程中只用到"复位"、"功能"、"确认" 3 个键。

④ "功能"键：是仪表测试与显示功能的选择键。若连续按动该键 7 次，则 5 只 LED 数码管将显示 7 种不同的功能指示符号，7 个功能符见附表。

⑤ "确认"键：在选定上述前 6 个功能之一后，按一下"确认"键，该组显示器将切换显示该功能下的测试结果数据。

⑥ "复位"键：在任何状态下，只要按一下此键，系统便恢复到初始状态。

附表　7 个功能符的显示及含义

次数	1	2	3	4	5	6	7
显示	P.	COS.	FUC.	CCP.	dA.CO.	dSPLA.	PC.
含义	功率	功率因数	被测信号频率	被测信号周期	数据记录	数据查询	升级后使用

5）具体操作过程

① 接好线路→开机（或按"复位"键）→选定功能（前 4 个功能之一）→按"确认"键→待显示的数据稳定后，读取数据（功率单位为 W；频率单位为 Hz；周期单位为 ms）。

② 选定 dA.CO 功能→按"确认"键→显示 1（表示第一组数据已经储存好）。如重复上述操作，显示器将顺序显示 2、3……E、F，表示共记录并储存了 15 组测量数据。

③ 选定 dSPLA 功能→按"确认"键→显示最后一组储存的功率值→再按"确认"键，显示最后一组储存的功率因数值（闪动位表示储存数据的组别；后 3 位为功率因数值）→再按"确认"键→显示倒数第二组的功率值……（显示顺序为从第 F 组到第一组）。可见，在需要查询结果数据时，每组数据需分别按动两次"确认"键，以分别显示功率和功率因数值。

6）变压器及其使用方法

变压器原边可加 220 V（加在"*"与"~220 V"两端子上），也可加 380 V（加在"*"与"~380 V"两端子）；把开关 S 打向"开"位置，变压器副边即可输出 36 V（"*"与"36 V"两端子）、110 V（"*"与"~110 V"两端子）、两组 20 V、一组 12 V、一组 6.3 V 等交流电压。使用时要看清输出的电压及电流值，不要过载。

7）低压直流电源及其使用方法

（1）±12 V 及 +5 V 低压直流电源：只要把其右边的开关打在"开"位置，±12 V 及 +5 V 即可输出使用，但使用时要注意电源的输出电流小于 0.5 A。

（2）同步电机励磁电压及其使用方法：使用该电源时，只要把其右边的开关打在"开"位置，即可在"+""-"两端子输出小于 40 V 的直流电压，并用电位器调节，逆时针调节使输出电压减小，顺时针调节使输出电压值增大。

6. 操作台线路板安装和焊接要求

1）安装时的要求

（1）板上安装的所有电气控制器件的名称、型号、工作电压性质和数值，信号灯及按钮的颜色等，都应正确无误，安装要牢固，在醒目处应贴上各器件的文字符号。

（2）连接导线要采用规定的颜色：

① 接地保护导线（PE）必黄绿双色；

② 动力电路的中线（N）和中间线（M）必须是浅蓝色；

③ 交流和直流动力电路应采用黑色；

④ 交流控制电路采用红色；

⑤ 直流控制电路采用蓝色。

（3）导线的绝缘和耐压要符合电路要求，每一根连接导线在接近端子处的线头上必须套上标有线号的套管；进行控制板内部布线，要求走线横平竖直、整齐、合理，接点不得松动；进行控制板外部布线，对于可移动的导线应放适当的余量，使绝缘套管（或金属软管）在运动时不承受拉力。接地线和其他导线接头同样应套上标有线号的套管。

（4）安装时按钮的相对位置及颜色：

① "停止"按钮应置于"启动"按钮的下方或左侧，当用两个"启动"按钮控制相反方向时，"停止"按钮可装在中间。

②"停止"和"急停"用红色,"启动"用绿色,"启动"和"停止"交替动作的按钮用黑色、白色或灰色,点动按钮用黑色,复位按钮用蓝色,当复位按钮带有"停止"作用时则须用红色。

(5)安装指示灯及光标按钮的颜色:

①指示灯颜色的含义:

红——危险或报警　　黄——警告　　绿——安全　　白——电源开关接通

②光标按钮颜色的用法:

红——"停止"或"断开"

黄——注意或警告

绿——"启动"

蓝——指示或命令执行某任务

白——接通辅助电路。

2)安装后(在接通电源前)的质量检验

(1)再次检查控制线路中各元器件的安装是否正确和牢靠;各个接线端子是否连接牢固。线头上的线号是否与电路原理图相符合,绝缘导线的颜色是否符合规定,保护导线是否已可靠连接。

(2)短接主电路、控制电路,用 500 V 兆欧表测量与保护电路导线之间的绝缘电阻应不得小于 2 MΩ。